超圖解

企業經營管理：
45堂經營管理必修課

掌握趨勢變化與新商機╳超前布局╳策略及方向正確
→企業經營持續成長

戴國良 博士 著

企業內部教育訓練，大專授課教材的最佳知識用書。

五南圖書出版公司 印行

作者序言

一、企業管理的重要性

　　企業管理，其實是由「企業經營」＋「管理」所組合而成。企業管理能夠做得好，企業經營績效才能提升，企業也才能邁向成功與卓越。

　　企業管理的知識，包含：管理學、人力資源學、行銷學、財務管理學、策略管理學、生產管理學等六個重要基本學識；本書作者親自特別挑出企業管理知識中，最常被企業界用到、最重要、最實務的45堂企業經營管理課，為本書撰寫內容來源。

二、本書的特色

　　本書有下列特色：

　　（一）精選最重要45個企業管理重點：

　　本書45堂企業管理精華課，主要取材自筆者每週必看的《商業周刊》、《今周刊》、《天下雜誌》、《遠見》等知名財經商管雜誌的成功企業報導內容，包括：全聯超市、台積電、統一超商、家樂福、寶雅、momo、統一企業、鴻海、大立光、和泰汽車、麥當勞、優衣庫、光陽機車、P&G寶僑、台灣花王、屈臣氏、恆隆行、Panasonic、ASUS、大金、日立、Sony、新光三越、SOGO百貨……等上百家企業的專訪報導，而總結出這些企業成功背後的45堂企業管理課；再加上筆者在大學裡授課的知識內容，形成了本書的最重要45堂企業管理課。

　　（二）各階層主管的必修書籍：

　　本書45堂課，內容豐富且具實務性，是企業界各階層主管的最佳必修書籍；若能讀通、讀熟這45堂課，必可晉升為公司中高階主管的最佳候選人。

　　（三）邁向成功、卓越企業的最好參考書籍：

　　本書45堂企業管理課，可以說是融合了各大財經商管雜誌所報導的超過100家以上成功、卓越企業的實際經驗、作法及觀念；這些珍貴知識與經驗，確實可以幫助各位讀者的企業，導向成功與卓越的企業。

三、結語

　　本書能夠順利出版，感謝五南出版公司的編輯小組，也感謝諸位讀者、老師、同學們的鼓勵與期盼，讓我在撰寫此書過程中，充滿了動力與動機。希望本書確實能為各位讀者的上班族生涯發展，帶來些許的助益及貢獻。

　　祝福大家都能度過一個美好、成長、成功、幸福、開心、健康、平安與滿足的人生旅途，在每一天的光陰歲月中。

　　感謝大家！感恩大家！

作者

戴國良

mail:taikuo@mail.shu.edu.tw

目　錄

第二篇

企業經營管理最新發展趨勢及優秀高階領導人經營管理智慧金句　　**233**

第一篇
企業成功經營管理
45堂必修課

Chapter 1

人才第一！
得人才者，得天下！

人才第一！得人才者，得天下！

一、人才，是公司最重要的資產價值

　　人才，是任何一家公司組成核心要素，也是公司最重要的資源價值；沒有了人才，公司就是空的了。因此，經營企業的老闆及董事長們，首要注重的問題，就是人才在哪裡？人才團隊如何組成？有了好的優秀人才團隊，公司才能運作下去，公司也才能夠成功營運。

二、打造人才團隊的七大面向

　　打造優秀的人才團隊，主要可從下列七大面向著手：

（一）找到、招募到好人才

　　企業透過校園徵才、人力網站徵才、挖角徵才、員工介紹徵才、海外知名大學徵才……等各種管道徵才，希望招募到真正的好人才，優秀人才。

（二）會用好人才

　　企業必須要會任用好人才，用人要用她們的優點及長處，把她們放在適當的工作位置上，並對她們多加磨練及歷練，在歷練中，她們就會慢慢成長與進步，變成公司重要的好人才。

（三）要培訓好人才

　　企業的好人才，也必須安排她們接受更高階的教育訓練、技藝訓練及經營管理訓練。

　　一般中大型企業都有三種訓練班：

　　一是新進人員訓練班。

　　二是中堅幹部養成班。

　　三是高階主管接班人特訓班。

（四）激勵好人才

　　只要是好人才，企業必須給她們足夠的物質金錢上、心理上及升遷上的激勵與鼓勵，特別是物質金錢上的激勵更是重要。包括給予優渥的月薪、年終獎金、績效獎金、紅利獎金、特別貢獻獎金及股票認購等，都會受到員工們的歡迎並感到極大鼓勵。像國內的台積電、鴻海……等高科技上市櫃公司的員工，平均年薪高達180萬元，是一般行業員工年薪60萬元的3倍之多，就十足吸引到好人才聚集在高科技公司了。

（五）考核好人才

　　一般公司每半年或每年會對全體員工進行年度績效考核，運用考核制度，評估出好員工及較差員工的區別，然後能夠真正發掘出潛在的優秀好員工。

（六）留住好人才

　　公司的任何一個好人才，都是不容易養成的，所以不要輕易讓他們流失掉，甚至讓他們跑到競爭對手那邊去，反而造成公司的不利。因此，只要是好人才就千萬別讓他們輕易離職，要好好留住優秀好人才。

（七）發展好人才

　　公司要為每一位優秀好人才規劃出他們的生涯成長路徑及滿足他們的成長需求。換言之，公司要好好發展出他們的成長未來，能讓他們永續的在公司順暢的發展下去，以成就他們美好的人生未來。

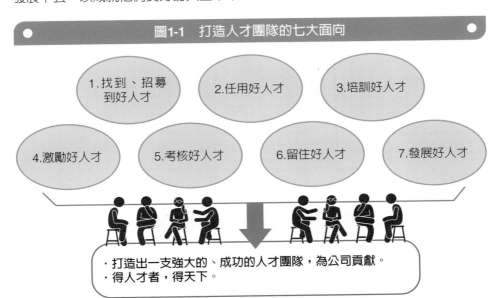

圖1-1　打造人才團隊的七大面向

1.找到、招募到好人才
2.任用好人才
3.培訓好人才
4.激勵好人才
5.考核好人才
6.留住好人才
7.發展好人才

・打造出一支強大的、成功的人才團隊，為公司貢獻。
・得人才者，得天下。

三、優秀人才具體的專業類別

公司是由多元化及各種專業人才所組合而成的，這就是一個好的人才團隊。

公司具有下列十八類重要的專業人才，如下：

（一）總經理／執行長經營人才　　（十）售後服務人才

（二）業務／營業人才　　　　　　（十一）會員經營人才

（三）研發人才　　　　　　　　　（十二）門市展店人才

（四）商品開發人才　　　　　　　（十三）資訊人才

（五）設計人才　　　　　　　　　（十四）法務人才

（六）製造人才　　　　　　　　　（十五）經營企劃人才

（七）採購人才　　　　　　　　　（十六）公關人才

（八）行銷人才　　　　　　　　　（十七）財務人才

（九）物流人才　　　　　　　　　（十八）人資人才

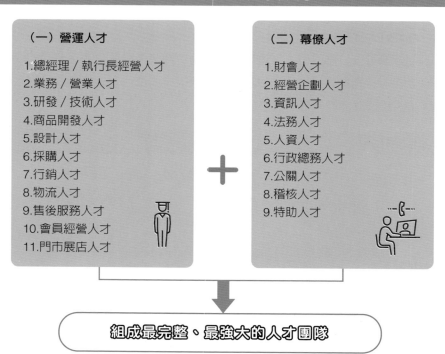

圖1-2　公司需要各種專業人才

（一）營運人才

1.總經理／執行長經營人才
2.業務／營業人才
3.研發／技術人才
4.商品開發人才
5.設計人才
6.採購人才
7.行銷人才
8.物流人才
9.售後服務人才
10.會員經營人才
11.門市展店人才

＋

（二）幕僚人才

1.財會人才
2.經營企劃人才
3.資訊人才
4.法務人才
5.人資人才
6.行政總務人才
7.公關人才
8.稽核人才
9.特助人才

組成最完整、最強大的人才團隊

四、人才的職務等級

好人才的職務晉升等級，大致如下圖示：

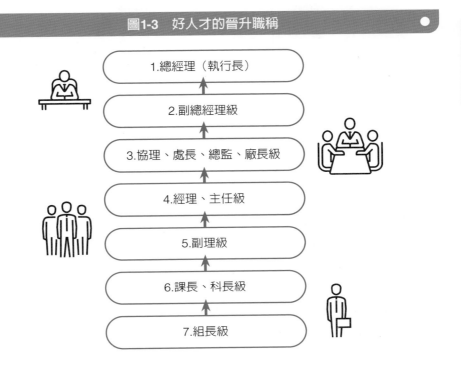

圖1-3　好人才的晉升職稱

1.總經理（執行長）

2.副總經理級

3.協理、處長、總監、廠長級

4.經理、主任級

5.副理級

6.課長、科長級

7.組長級

五、人才是否需要高學歷？

一般來說，並不是每種行業都需要高學歷，目前實務運作來看，大致是：

（一）高科技行業

比較需要用到碩博士高學歷的人才；像AI、電子、電機、資管、資訊、電腦、生化、化工、醫藥、半導體等高科技碩博士人才，就非常有需求及搶手。例如：台積電、鴻海、聯發科、大立光……等國內優良高科技公司，就常招募高學歷碩博士的理工科系人才。例如，台積電公司計有8,000名研發工程師，其中有2成（1,600人）有博士學位。

（二）零售業、服務業、傳統製造業

在一般的零售業、服務業、傳統製造業，就只要大學以上畢業的人才就可以了；學歷太高的人才，反而不好用，不易使喚。

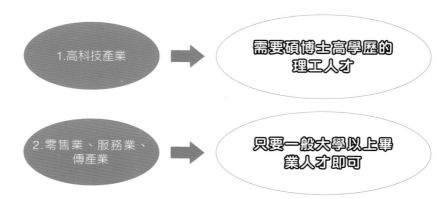

圖1-4 人才是否需要高學歷

六、人評會是什麼？

中大型的公司與有制度的公司，通常在組織內部，都會設立「人評會（人事評審委員會）」。

（一）組織

人評會的組織成員，都是由各部門一級主管所組成。

（二）功能與目的

人評會主要功能與目的，就是對公司重要人事的升遷、降級、記功、記過等進行評議、審查及通過等目的。

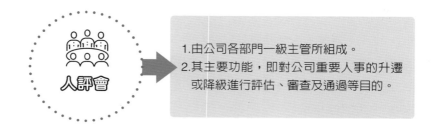

圖1-5 人事評議審查委員會

Chapter 2

快速應變

快速應變

一、外部環境變化的種類

現代企業環境的快速變化，大大的影響企業的正常營運，面對環境巨變，企業必須加快因應變化的組織能力，這是非常重要之事。

現代企業面對外部環境的幾種變化，包括：

（一）新冠病毒疫情變化，影響內需行業很大

2020年～2021年，全球受到新冠疫情影響很大，尤其五星級大飯店業、國內外旅行業、百貨公司業、餐飲業及各項服務業，業績大幅衰退，甚至虧損而關門的也很多。

（二）人口變化，少子化

台灣也面臨少子化的威脅，過去，台灣一年有40萬小孩子出生，現在只剩下13.8萬小孩子，減少超過一半60%以上，影響很大，顯示未來台灣的內需成長將減少很多，因為消費人口少60%，這將影響百業的生意，成長不再。

（三）人口變化，老年人口增加

由於醫藥、醫學的進步，使台灣老年人的平均壽命達到81歲，比過去都長壽。由於老年人口的增加，因此，老年人的醫藥、保健食品及長照中心的需求反而增加很多，成為新商機，最近電視廣告量就增加了很多保健食品的廣告。

（四）電商網購快速成長

由於新冠疫情的影響，使得國內電商網購的需求大幅成長，成為新商機之一。但這也影響到實體零售業及實體服務業的業績衰退。

（五）科技／技術的變化

由於科技的大幅進步及創新，使得5G手機、5G電信服務、電動汽車、晶圓半導體、AI人工智慧等新商機，大幅出現。

（六）未婚人口、單身人口增加

由於社會環境的變化，使得30歲以上的未婚人口及單身人口大增，因此對單人份、小包裝的食品需求也大幅增加。

（七）連鎖化快速發展

現在人們需求的是快速、方便、便利，因此各種零售業、餐飲業及服務業，都朝向多品牌、連鎖化、規模化快速發展，各種直營店、加盟店連鎖都擴大成長。

（八）消費者購買行為也在變化

隨著時代的演變，消費者在消費動機、購買場所、購買力、購買量及購買行為等也產生質的變化。

（九）上游供應商的變化

上游原物料及零組件供應商的供應價格、供應量、供應時間等也會產生變化。

（十）下游零售通路的變化

下游零售通路的型態及比重也在變化中。包括：便利商店、超市、量販店、百貨公司、購物中心、經銷店、大型outlet等結構、型態、占比、趨勢也都在變化中。

（十一）家電省電化變化

現在冷氣機、電冰箱等家電，都強調變頻式、省電化的訴求。

（十二）減碳環保變化

現在電動汽車、電動機車等都強調減碳及環保的需求。

（十三）競爭對手的動態變化

廠商營運中，碰到很大困擾之一，就是同業中，競爭對手的激烈競爭，使得廠商必須時刻關注這些動態變化。

茲圖示如下：

圖2-1　外部環境的13種變化影響

1.新冠病毒疫情變化，影響內需行業很大	2.人口變化，少子化	3.人口變化，老年人口增加
4.電商網購快速成長	5.科技／技術的變化	6.未婚人口、單身人口增加
7.連鎖化快速發展	8.消費者購買行為也在變化	9.上游供應商的變化
10.下游零售通路的變化	11.家電省電化變化	12.減碳環保變化

13.競爭對手的動態變化

圖2-2　抓住新商機及避掉不利威脅

環境有利變化　→　抓住及掌握新商機

環境不利變化　→　避掉不利的新威脅

二、快速應變的八大面向

面對前述外部環境的巨大變化，企業的快速應變，可從八個面向來分析，如下圖所示：

圖2-3　快速應變八大面向

1 打造快速應變的組織體與組織編制	2 打造快速應變的決策力，勿拖拉不決	3 打造快速應變的計劃力及計劃方案	4 打造快速應變的執行力與行動力
5 打造快速應變的企業文化	6 打造快速應變的全員心態	7 打造快速應變的策略與方向調整力	8 打造快速應變的考核力

三、快速應變的改變與革新事項

在快速應變的過程中，最重要的就是下列的16項必須改變及革新的事項，如下圖示：

圖2-4　快速應變下的16項改變及革新事項

1 組織架構革新	2 人員配置革新	3 策略革新	4 方向革新
5 計劃革新	6 執行速度革新	7 作法革新	8 製造革新
9 設計革新	10 採購革新	11 通路革新	12 廣宣革新
13 產品開發革新	14 門市店裝潢革新	15 專櫃人員革新	16 效益觀點革新

遠東集團董事長　徐旭東

一、經營管理智慧金句

1.是的，這就是世界，一直在變。

2.企業一定要捫心自問：你是誰？為何在這裡？你的未來去哪裡？這三個問題能回答得出來，就能打造你的目標。

3.面對多變的環境，企業也該隨時change（改變），並與時俱進。

二、圖示

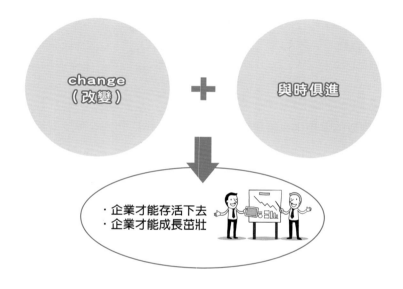

Chapter 3

以顧客爲核心點，
堅持顧客導向

以顧客為核心點，堅持顧客導向

一、顧客導向的意涵

顧客導向（customer-oriented）有如下深度的意涵：

（一）以滿足顧客需求，解決顧客的問題為優先，並為他們創造更美好生活。

（二）站在顧客觀點及立場，融入他們的情境，設身處地為他們著想。

（三）永遠走在顧客前面幾步，領先顧客的步伐。

（四）比顧客還要了解顧客。

（五）為顧客創造更多的生活價值及人生價值感。

（六）製造出顧客想買的、需要買的優質產品出來，不要為了製造而製造。

（七）發薪水給員工的，不是老闆而是顧客。

（八）永遠把顧客放在利潤之前，先有顧客，才會有利潤。

（九）滿足顧客的路途，永遠沒有止盡的一天。

（十）唯有顧客，才能帶動公司的營收，也才能帶來公司的獲利。

（十一）公司存在的根本點，就是在於創造顧客。

圖3-1　顧客導向的意涵

1.顧客第一，顧客至上。

2.滿足顧客的路途，永遠沒有止境。

3.永遠走在顧客的最前面。

4.滿足顧客需求及問題，為顧客創造更美好生活。

5.永遠把顧客放在利潤之前。

6.比顧客還要了解顧客。

二、如何實踐顧客導向

實踐顧客導向，可從以下幾種方法做起：

（一）POS資訊系統

從總公司的POS資訊系統中，可以了解什麼商品，什麼品牌銷售最好及最差，依據每天的POS銷售資料做機動調整。

（二）定期市調

公司可以定期做市調，以了解顧客未來的潛在需求及期待是什麼，而做對策。

（三）第一線人員意見

位於各門市店及專櫃面前的第一線營業人員及服務人員是最了解顧客意見及需求的人，可搜集第一線人員的意見，納入思考及修改政策。

（四）行銷人員意見

總公司行銷企劃人員也會走出辦公室，走到各種賣場去搜集顧客意見、看法及需求，也會看到競爭品牌如何作法。

（五）經銷商反應意見

全台各縣市經銷商也會搜集各種顧客的反應意見，提供給總公司營業部人員參考。

（六）填寫問卷

有些餐廳、銀行、百貨公司會在店內留置顧客滿意度問卷填寫調查，可加以搜集並分析，例如：王品餐飲集團每個月就回收80萬個問卷回覆。

（七）委託神祕客調查

不少服務業都會委託神祕客進入店內消費及調查，以親身見證各項服務滿意度。

（八）FB／IG粉絲專頁

由於社群媒體發達，現在也有不少企業透過FB、IG的官方粉絲專頁做市調，以搜集粉絲們的建議，並加以回應及改善。

（九）開發新產品

開發新產品時，負責部門一定要先問自己：這是消費者要的嗎？他們願意付多少錢來買？市面上的競爭品牌又如何？

圖3-2 如何實踐顧客導向

① 運用POS資訊系統。	② 定期市調。	③ 搜集第一線人員意見。
④ 搜集行銷人員意見。	⑤ 搜集經銷商反應意見。	⑥ 顧客店內填寫問卷。
⑦ 委託神祕客調查。	⑧ 在FB／IG粉絲專頁上做市調。	⑨ 開發新產品的顧客思維。

三、哪些企業實踐了顧客導向

茲列舉下列各企業如何實踐顧客導向，獲得顧客好口碑：

（一）統一超商（7-11）

成功開發CITY CAFE、ibon買票、網購貨到店取、各式鮮食便當等各種商品及服務，滿足顧客需求。

（二）麥當勞

不斷開發出各式好吃的新漢堡，推動歡樂送（外送）、24小時營業及數位點餐機。

（三）iPhone手機

每年推出iPhone新機型，多年來，推出iPhone 1到iPhone 16機型，滿足顧客需求。

（四）momo網購

全台投資設立50個大、中型物流倉儲中心，能夠將網購商品於24小時快速送到顧客家中，台北市則6小時可送到。另外，商品總共超過300萬個品項，大大滿足顧客需求。

（五）寶雅

全台最大彩妝品、保養品及生活百貨連鎖店，具有一次購足的便利性，可滿

足顧客需求。

（六）foodpanda及Uber Eats

近幾年崛起的30分鐘內，快送美食、生鮮、雜貨到家的新型態服務業，頗受宅在家顧客的歡迎。

（七）Dyson吸塵器

代理商恆隆行推出高檔Dyson吸塵器，受到中高所得族群歡迎，並享有24小時內完修的售後服務，可滿足顧客需求。

（八）和泰TOYOTA汽車

推出高價位、中價位及平價位的TOYOTA車款，頗受各所得層顧客的歡迎，可滿足顧客需求。

（九）迪卡儂

迪卡儂為國內大型運動用品及健身用品的量販店，具有一次購足的便利性，可滿足顧客需求。

（十）家樂福

國內最大量販連鎖店，店內有4萬多品項，比超市品項多出4倍，具有一次購足的好處，可滿足顧客對日常消費品、生鮮品、乾貨品等購買需求。

（十一）禾聯

禾聯為國內本土最大家電廠商，其平價、高品質液晶電視機市占率第一，可滿足顧客的庶民經濟需求。

（十二）全聯超市

全台1,200家店，全台最大連鎖超市，經常設在巷弄之內，是一家便宜又便利型超市，可滿足顧客需求。

（十三）八方雲集

提供平價鍋貼及水餃的連鎖店，具有900家的便利性，可滿足顧客需求。

（十四）石二鍋

王品集團的平價小火鍋，可滿足庶民經濟的需求。

（十五）Panasonic

電冰箱及洗衣機市占率第一的日系高品質且耐用的高檔家電廠商，可滿足高

階顧客需求。

（十六）路易莎咖啡

提供平價咖啡連鎖店，可滿足顧客需求。

圖3-3　實踐顧客導向，以顧客為尊的企業及品牌

1 統一超商（7-11）	2 麥當勞	3 iPhone手機	4 momo網購
5 寶雅	6 foodpanda及Uber Eats	7 Dyson吸塵器	8 和泰TOYOTA汽車
9 迪卡儂運動用品量販店	10 家樂福	11 禾聯家電	12 全聯超市
13 八方雲集	14 石二鍋	15 Panasonic家電	16 路易莎咖啡

Chapter 4

組織要彈性化、敏捷化、機動化！不僵硬，不保守化！

組織要彈性化、敏捷化、機動化！
不僵硬，不保守化！

一、彈性化、敏捷化、機動化的意涵

面對外部環境的激烈變化，企業的組織體必須保持四化，如下：

（一）彈性化

組織體不要僵固、不要官僚化、不要不知應變、不要層層報告，要展現高度的彈性化及應變化。

（二）敏捷化

組織體要靈敏、要快捷的應變，不要慢吞吞的，不要討論太久，不要紙上作業太慢，一切要敏捷化面對環境變化及競爭者變化。

（三）機動化

組織體要機動、要快速、要具有機動打擊力，不要僵固死板板的。

（四）改革化

組織體要能隨時改革、革新、調整及改變。

圖4-1　面對環境多變，企業組織體必須保持四化

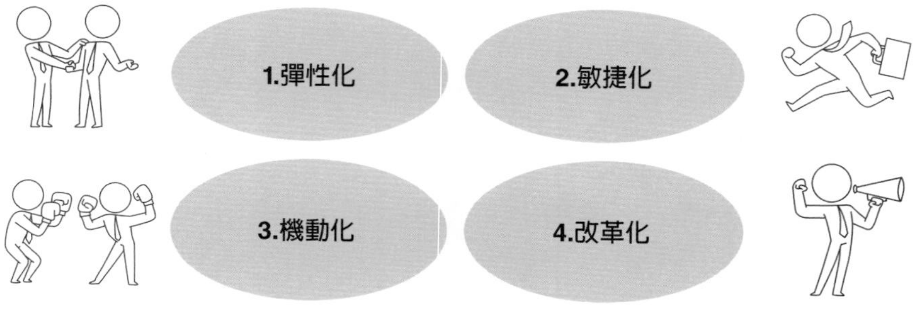

1.彈性化　2.敏捷化　3.機動化　4.改革化

二、組織敏捷化、機動化、彈性化的應對作法

（一）快速調整組織架構、名稱、編制、人力及指揮體系

面對外部變局，企業組織內部必須快速調整組織的架構、名稱、編制、人力增減、指揮體系與人員調動。

（二）成立跨部門專案小組

藉由成立跨部門的專案小組，整合公司相關資源與人力、團隊合作，以應付外部環境。

（三）成立新部門

若必要時候，公司也要成立專責的新部門，以專責的人員，來專責新事業、新工作及新任務。

（四）裁撤舊組織

凡是不符合時代演變及發展的舊型組織、單位及人力，均必須及時予以裁撤或轉型到新組織單位去。這樣才不會成為組織進步的拖累。

（五）形成組織文化一環

敏捷化與機動化的組織體及其運作，一定要成為企業內部的文化及其全員的共識、認知與行動力，最終要形成組織文化展現的重要一環。

（六）打破官僚層級

面對環境快速變化及衝擊，組織一定要打破過去層層上報的官僚層級及官僚程序，不要被此束縛住，無法快速反應與應對。

（七）一、二級主管一起出席會議

在非常時期，凡是公司董事長及總經理召開的重要會議，一、二級主管均要同時列席，一起了解決策內容，不要回去再層層轉達，而失掉時機點。

圖4-2　組織敏捷化、機動化、彈性化的應對作法

1	2	3	4
要快速調整組織架構、名稱、編制、人力及指揮體系。	要成立跨部門專案小組，以團隊合作面對變化。	要適時成立新部門，專責新任務。	要果斷裁撤舊組織、舊單位。

5	6	7
要形成組織文化一環。	要打破官僚層級。	一、二級主管一起出席會議。一起聆聽決策內容，不再層層轉達。

結語：第4堂課的重要關鍵字及觀念

01 組織要彈性化、敏捷化、機動化、改革化。

02 組織不能僵硬化、不能太保守化。

03 成立跨部門組織小組。

04 成立新部門，專責新任務、新工作。

05 舊組織必須適時裁撤掉或加以轉型。

06 要勇於打破官僚層級。

Chapter 5

強大執行力

強大執行力

一、強大執行力案例

國內最大的製造業集團鴻海公司的創辦人郭台銘，據業界人士表示，郭台銘及其鴻海集團是強大執行力的最佳代表。郭台銘創辦人有幾項特色：

（一）「說到馬上就要做到」的典型人物。

（二）命令下達後，在指定時間內，就要依預定時間內完成要求。

（三）如果沒有依時完成，就要馬上辭職離開公司。

（四）鴻海公司的薪資及獎金都很好，因此，即使面對高度壓力的執行力，大部分員工仍然都會繼續待在公司。

（五）由於鴻海集團強大的執行力展現，使得鴻海公司快速成長、躍進，在20多年內即成為國內最大營收額6兆元的製造業集團。

圖5-1　郭台銘及鴻海集團具有強大執行力

郭台銘及鴻海集團　→　全台最具強大執行力的董事長、創辦人及最大營收額6兆的製造業公司

二、執行力，本就是管理循環中的重要一環

在管理循環中，執行力本就是循環中的重要角色，如下圖所示：

圖5-2　管理循環四大要素

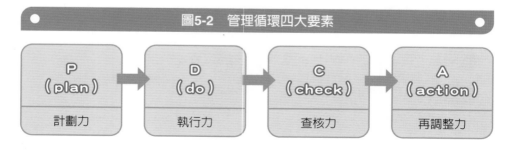

P (plan)	D (do)	C (check)	A (action)
計劃力	執行力	查核力	再調整力

很會規劃、很會講，計劃做得很漂亮，但執行力卻很弱，這樣也不行。因此，管理的重點在於執行力，凡事必須快速的加以執行，加以實踐、直到做完成，做得完美，做得成功。

三、要求每位員工都要有執行力

執行力的最根本要求，就是要求組織成員每位員工，都要有即知即行的執行力與即戰力。

當每位員工都有強大執行力時，公司的每個單位、每個部門及整個公司，也就會跟著有強大執行力了。

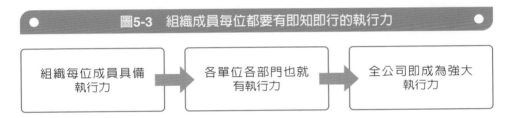

圖5-3　組織成員每位都要有即知即行的執行力

組織每位成員具備執行力　→　各單位各部門也就有執行力　→　全公司即成為強大執行力

四、執行力二要件：效率＋效能

執行力的核心二要件，即是要具備：效率＋效能。

（一）效率（efficiency）：即做事很快，很快就完成任務、完成工作，動作很快。

（二）效能（efficient）：即能做對的事，對公司有效果、有效益、有功效的事情。

能夠同時兼具「效率」＋「效能」，真是最完美不過的事了。

圖5-4　效率＋效能

1.效率（做事情速度很快）　＋　2.效能（能夠做對的事情）　→　強大執行力的內涵

五、將執行力融入企業文化中

公司高階董事長及總經理要經常性的強調執行力的重要性，要快速且正確的完成每一項任務及工作。執行力將是企業文化中，非常重要的一個環節，並將公司形塑成具備強大執行力的公司才行。

圖5-5　將執行力融入組織的企業文化內

執行力 ➡ 形成組織內部重要的企業文化指標之一！

六、定期查核點

強大執行力的意涵，一開始並不是放任全體員工去執行，而沒有任何管制點。相反的，在剛開始的執行力過程中，應該要設立定期的查核點（check-point），以對員工追蹤考核執行的進度時程、品質狀況如何，以確保事情能夠如期如實的完成。因為，每個組織中的人性，都是會有缺點、缺失、漏失的；因此，必須要藉助中間的定期查核點追蹤，才能100%完美的完成執行力。

圖5-6　定期查核點

執行力 ➡ 任何事情及任務的途中，必須有定期查核點，才確保執行力100%完成。

七、把執行力納入年終績效考核的重點之一

組織中，人資單位必須把執行力的要素，納入「年終績效考核表」內的一個重點分數；如此，全體員工才會重視，才會把它視為日常行動中的重點之一。因為，績效考核與員工的年終獎金相關，故可以引起全體員工的重視。

執行力 ➡ 納入年終績效考核表內的重要分數之一，員工才會重視。

八、執行力的內容項目

企業組織內，有哪些執行力是比較受到重視的，包括有如下幾個指標項目：

（一）研發／技術升級與領先的執行力。

（二）新產品、新款型開發速度的執行力。

（三）工廠生產製造100%良率的執行力。

（四）每月製造及組裝數量目標的執行力。

（五）採購成本下降的執行力。

（六）總公司營業費用下降的執行力。

（七）提高產品品質等級的執行力。

（八）打造成知名品牌執行力。

（九）塑造優良公益形象企業的執行力。

（十）提高業績目標的執行力。

圖5-7　強大執行力的內容項目

1. 研發、技術領先的執行力。	6. 總公司營業費用下降的執行力。
2. 新產品開發速度的執行力。	7. 提高品質等級的執行力。
3. 製造100%良率的執行力。	8. 打造知名品牌的執行力。
4. 製造及組裝數量目標的執行力。	9. 塑造公益形象的執行力。
5. 採購成本cost down的執行力。	10. 提高業績目標的執行力。

台積電公司總裁　魏哲家

一、經營管理智慧金句

1. 台積電在先進製程上，具有高度競爭力，在製造技術及良率上有高水準表現，一直領先韓國三星及美國Intel。

2. 台積電為鞏固在先進製程上的優勢，每年資本支出預算，均高達300億美元，以滿足來自5G、高效能運算及特殊製程的強勁需求。

二、圖示

1. 製程技術的先進及領先

2. 高良率，使客戶信賴

3. 每年高資本支出預算投入

4. 強大與聰明的研發技術人才團隊
（計有8,000名研發團隊成員）

- 使台積電成為全球第一名晶片半導體研發與製造大廠

Chapter **6**

預算管理制度

預算管理制度

一、什麼是預算管理制度？

就是公司在每年12月底前，董事長及總經理會召集各部門一級主管，指示提報明年度全公司的損益表預算數字。要細到每個月及全年合計的營業收入、營業成本、營業毛利、營業費用及營業損益。

如下圖示：

圖6-1　某公司某年度損益預算表

	1月	2月	3月	4月	5月	6月	7月	8月	9月	10月	11月	12月	合計
營業收入													
－營業成本													
營業毛利													
－營業費用													
±營業外收支													
＝稅前損益													

二、為何要有預算管理制度？功能為何？

（一）目標管理及數字管理的實踐

企業營運必須要有目標及數字，才知道為何而戰，以及戰勝的目標。

每月、每年損益表中，最重要的就是營業收入目標及稅前獲利目標，這二個指標，會說明一家公司績效的好壞，以及有沒有進步及成長率多少。

（二）做為每個月的檢討基礎

每個月必須就實際的營運數字與目標預算數字互做比較，看看預算的達成率如何，如果達成率很高，就表示公司的營運績效不錯，如果達成率很低，就代表績效差。

（三）做為良性督促的壓力

　　每月的損益預算，對全體員工來說，是一個良性督促全員努力達成目標的一種適當壓力，如此，大家才會更努力追求每月預算的達成率。

圖6-2　預算管理制度的功能

1		2		3
做為目標管理及數字管理的實踐。	＋	做為每個月的檢討基礎。	＋	做為對員工良性督促的壓力。

三、預算管理制度如何做？

　　（一）首先，由財務部在12月主辦，各部門協助提供數字。

　　（二）由業務部（或稱營業部、門市部、專櫃部）提出明年度1～12月的營業收入預估數字。

　　（三）由工廠或進口代理部門提出明年度1～12月的營業成本或進貨成本預估數字。

　　（四）由各幕僚部門提出明年度1～12月的營業費用預估數字。

　　（五）然後，由財務部彙整，形成明年度1～12月損益預算表數字。

　　（六）最後，由董事長召集各部門一級主管開會，討論明年度的損益預算表數字及比率，然後予以必要修正、修改，最後才正式定案。

圖6-3　損益預算表制定流程

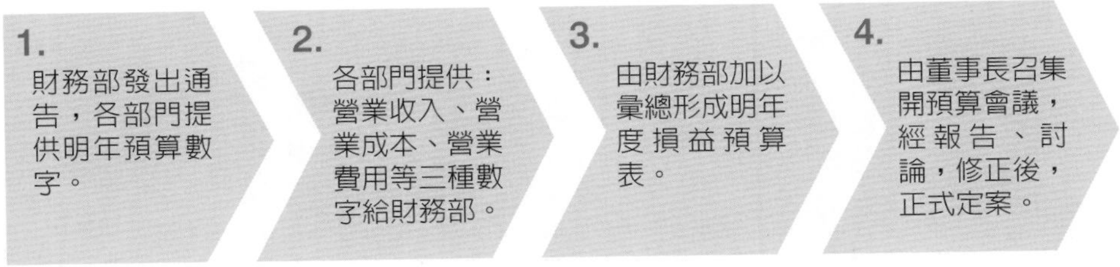

1.	2.	3.	4.
財務部發出通告，各部門提供明年預算數字。	各部門提供：營業收入、營業成本、營業費用等三種數字給財務部。	由財務部加以彙總形成明年度損益預算表。	由董事長召集開預算會議，經報告、討論，修正後，正式定案。

四、預算管理制度的二項注意要點

（一）預算數字不宜太高或太低

　　對明年度1～12月的營業收入預估數字，不可以偏高太多，以致於達不成，打擊員工士氣；但也不能太低，太容易達成缺乏向上升的挑戰性。

（二）預算數字要彈性調整

　　公司的損益預算數字，也不能鐵板一塊，若遇到經濟景氣變化、新冠病毒疫情變化、國內外戰爭激烈變化⋯⋯等諸多環境改變，此時損益預算表也要加以調整改變，以符合實際情形，而不是弄些漂亮數字在那裡。

圖6-4　預算管理制度的二項注意要點

1.
損益預算數字不宜太高或太低

+

2.
損益預算數字，面對環境變化，也要機動彈性調整

Chapter **7**

利潤中心（BU）制度

利潤中心（BU）制度

一、逐漸普及的BU制度

很多中大型企業的組織體系中，都採取BU（Business Unit）利潤中心制度。BU是來自於美國企業的SBU（Strategic Business Unit，戰略事業單位），後來簡稱為BU利潤中心制度。也就是中大型組織中，將企業的事業體加以區分為更專業的事業單位，並以利潤中心為基本運作精神。

圖7-1　何謂BU制度

BU制度　→　將事業體切割為好幾個事業單位，並獨立為利潤中心運作。

二、設立BU的獨立單位

在中大型公司中，其組織體的BU運作，大致可區分為：

（一）各分公司別

（二）各分店別

（三）各分館別

（四）各品牌別

（五）各產品線別

（六）各工廠別

（七）各事業部別

上述單位都可以設立多個BU成為獨立利潤中心制度。

案例

・新光三越：全台19個分館，就是19個BU。

・王品集團：全台25個品牌餐飲，每個品牌別，就是一個BU，總計有25個BU。

．P&G：洗髮精品牌有飛柔、潘婷、海倫仙度絲、沙萱，故成立4個品牌BU。

圖7-2　設立BU的獨立利潤中心單位區分

| 01 各事業部別 | 02 各分公司別 | 03 各分店別 | 04 各分館別 |

| 05 各品牌別 | 06 各產品線別 | 07 各工廠別 |

三、各BU制度的損益計算

　　各BU，都有它獨立的每月損益表計算，凡是有獲利的BU，就有獎金可拿，虧損的BU，就沒有獎金可拿。如下圖示：

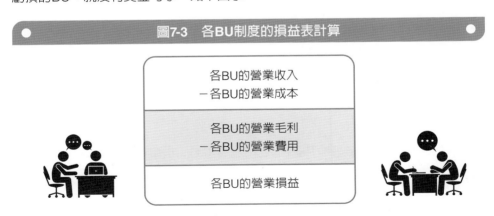

圖7-3　各BU制度的損益表計算

各BU的營業收入
－各BU的營業成本

各BU的營業毛利
－各BU的營業費用

各BU的營業損益

四、各BU績效與獎金連動

　　凡是各BU每月或每季或每半年有獲利，即會加發該BU單位全體員工的績效獎金。

案例

　　某公司每月獲利100萬元，就從其中抽出30萬元（30%），平均分給該BU單位的10位成員，每位成員，除了月薪外，另外還可以分到3萬元獎金，頗具激勵性。

　　反之，若某個BU單位，長期都虧損，則應在適當時候，予以停止關掉此單位，以避免再持續虧損下去，減少總公司的負荷。

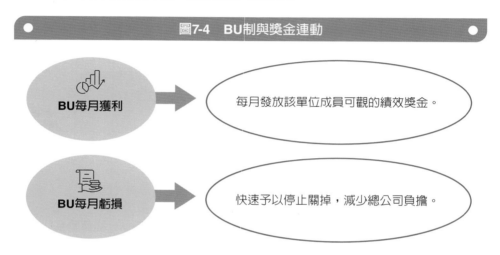

圖7-4　BU制與獎金連動

BU每月獲利 → 每月發放該單位成員可觀的績效獎金。

BU每月虧損 → 快速予以停止關掉，減少總公司負擔。

五、BU制度的優點

（一）權責一致，避免吃大鍋飯

　　執行BU獨立利潤中心的組織，可以達成權責一致，避免吃大鍋飯，而能各盡努力，各顯本事，各自省成本，各自增加獲利目標。

（二）提升各BU競爭力

　　執行BU制度，會顯著提升各BU的市場競爭力，也會提高全公司的營收及獲利增加。

（三）拔擢年輕人

　　執行BU制度，可以拔擢更多優秀年輕人擔任「BU長」（BU主管），可讓組織更加年輕化。

（四）增進組織良性競爭

　　擴大執行各BU獨立利潤中心制度，可以促使組織內部各個BU之間的良性競爭，從而促進整個組織競爭力的大大提升。

（五）提高各BU的附加價值及獲利

　　各BU長一定會想辦法如何使該BU單位更加創新，更加技術突破從而創造更高的附加價值，也就提高了全公司營收及獲利。

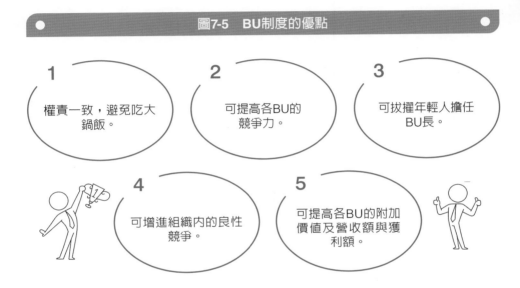

圖7-5　BU制度的優點

1　權責一致，避免吃大鍋飯。

2　可提高各BU的競爭力。

3　可拔擢年輕人擔任BU長。

4　可增進組織內的良性競爭。

5　可提高各BU的附加價值及營收額與獲利額。

寶雅公司總經理　陳宗成

一、經營管理智慧金句

寶雅迎戰競爭對手的二大策略，一是提升購物體驗；二是優化商品組合。

二、圖示

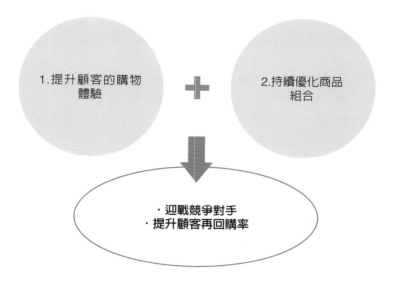

1.提升顧客的購物體驗

＋

2.持續優化商品組合

・迎戰競爭對手
・提升顧客再回購率

Chapter 8

企業應追求持續性成長策略

企業應追求持續性成長策略

一、企業持續成長的重要性

企業在營運規模、集團規模、營收規模、店數規模等保持成長性是非常必要且重要的。

其重要性,有如下幾點:

(一)能持續成長,才能保有企業長程的競爭力。

(二)企業能持續成長,股價才能保持上升。

(三)企業能持續成長,才能成為集團化大型企業,根基才更穩。

(四)企業能持續成長,才能永遠超越競爭對手,讓對手跟不上來。

(五)企業能持續成長,員工才有晉升及成長的機會,好人才也才會留得下來。

圖8-1　企業保持持續成長的五大重要性

1	2	3
保有企業長程的競爭力。	股價才能保持上升。	才能成為大型集團化企業,根基更穩。

4	5
才能永遠超越競爭對手,讓對手跟不上來。	員工才有晉升及成長的機會,好人才也才會留得下來。

二、常用的八個成長策略

企業常用的持續成長策略，主要有八個成長策略，如下：

（一）併購／收購策略

例如：鴻海公司、全聯超市、家樂福超市、遠東集團等，就是經常使用併購及收購策略而快速成長、永續成長的好案例。

（二）多品牌策略

例如：王品餐飲、瓦城餐飲、豆府餐飲、統一企業、P&G消費品公司、優衣庫等，就是使用多品牌策略，而使其公司持續成長下去的。

（三）國內外投資設廠策略

例如：台積電公司在國內竹科、中科、南科、以及美國、中國南京等都有設廠擴大經營。

（四）集團化、多角化策略

例如：遠東集團、富邦集團、鴻海集團等都是朝向大型化、多角化、集團化的成長策略。

（五）新產品上市策略

例如：TOYOTA汽車的新款車、光陽新款機車、LV新款包包、iPhone 1～iPhone 16新款手機、Panasonic大小家電都很齊全、桂格商家也不斷推出新產品，這些也都帶動它們的持續成長。

（六）國內外加速展店策略

例如：全聯超市、美廉社、7-11、大樹藥局、寶雅、八方雲集等都是加速展店，持續規模成長。

（七）技術升級與領先策略

例如：台積電從奈米15晶片，一直升級到奈米10、奈米5、奈米3、奈米2的晶片，使其營收規模也不斷保持成長。

（八）布局全球化策略

很多台商、出口廠商都在全球布局它們的生產據點及銷售據點，全球化策略也必然帶動台商的全球化成長。

圖8-2　常用的8個成長策略

01	併購／收購成長策略。	05	新產品上市成長策略。
02	多品牌成長策略。	06	國內外加速展店成長策略。
03	國內外投資設廠成長策略。	07	技術升級與領先成長策略。
04	集團化、多角化成長策略。	08	布局全球化成長策略。

三、持續成長型企業的二大種類

（一）專注性、集中性、單一性成長

持續成長型企業的第一種分類，即是屬於專注在某一個行業領域，而尋求不斷深耕成長的。

例如：

王品、瓦城、豆府、漢來美食、築間、王座、三商、乾杯等，都集中在餐飲業的成長。

例如：

momo第一大電商網購業，集中在B2C電商的深耕成長。

例如：

新光三越百貨集中在百貨公司及購物中心的成長。

例如：

台積電公司集中在晶片半導體研發與製造的成長；而大立光公司則集中在手機鏡頭的研發與製造成長。

（二）多角化、多元化成長

例如：

富邦集團朝：銀行、證券、保險、電信（台哥大）、電商（momo）、有線

電視系統台等多角化發展。

例如：

　　統一企業集團朝：食品、飲料、便利商店（7-11）、百貨公司（統一時代）、藥妝店（康是美）、有機店、量販店（家樂福）等多角化發展。

圖8-3　持續成長型企業的二大種類

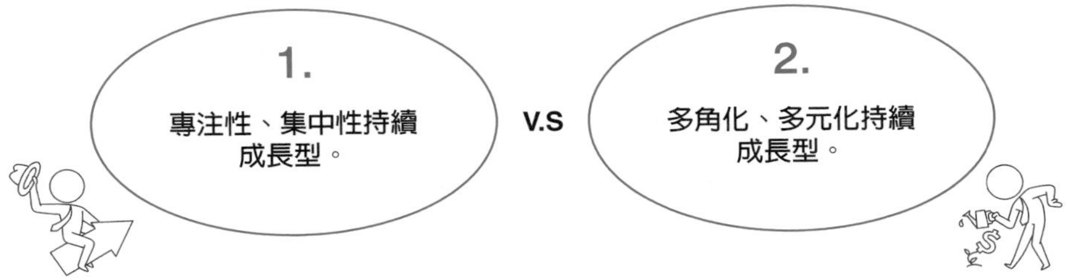

1.
專注性、集中性持續成長型。

V.S

2.
多角化、多元化持續成長型。

四、追求持續成長，應具備5要件

　　企業集團要追求持續性成長，應具備5項要件，才比較容易達成成長目標，包括：

（一）要有足夠資金準備

　　即是財務資金子彈要夠、口袋要深，所以，大部分公司都會申請上市櫃公司，才有利於從大眾資本市場中，募集到更多的未來成長需求資金。

（二）要有足夠人才準備

　　當公司朝專注化或多角化企業集團發展時，除了資金準備外，另一個最重要因素，就是高級經營人才要足夠，才能守住一片江山。

（三）要有正確策略及方向

　　策略及方向不能偏掉或走錯，否則成長就不可能順利達成。

（四）領導階層要有前瞻性眼光及未來發展的雄心壯志

（五）要靠制度，而非人治

　　當企業規模愈來愈大，員工人數也達到幾萬人、幾十萬人之多時，公司順利的運作，就要靠組織化的制度，而不是靠某幾個人的人治了。

圖8-4 追求持續成長，應具備5要件

1.要有足夠財務資金準備。

2.要有足夠高階經營人才準備。

3.要有正確策略及方向。

4.領導階層要有前瞻性眼光及未來發展的雄心壯志。

5.要靠制度，而非少數人治。

Chapter **9**

持續創新！再創新！

持續創新！再創新！

一、彼得・杜拉克名言：不創新，即死亡

美國管理學大師彼得・杜拉克，在其著作中，有句名言指出：「不創新，即死亡（Innovation or die）。」他始終認為企業最重要的使命，就是要不斷創新、再創新，創新是管理學中的根本核心。

二、創新案例

茲列舉出近年來創新成功，而且影響消費者生活的案例，如下：

（一）Apple蘋果公司在17年前創新出第一支智慧型手機，影響全球數十億人的行動通訊生活，可說創新很大。

（二）台積電晶片研發及製造技術，不斷創新，從早期的15奈米，一直到最近的5奈米、3奈米、2奈米、1.4奈米、1奈米，可說不斷創新進步。台積電晶片大幅應用在手機、汽車等，可說影響人類很大。

（三）30年前，國內只有三家無線電視台，廣告生意很好，後來，有線電視開放，成為100多個頻道可以收看，這也是一種電視史上的極大創新，也大大影響無線電視台的廣告生意衰退很大，從賺很多錢轉變成虧錢。

（四）近年來，諸如Netflix、Disney＋、HBO GO、愛奇藝、KKTV、LINE TV、LiTV、friDay、HamiVideo、My Video……等OTT串流影音媒體崛起，影響有線電視收看戶的一些減少。OTT電視也是一種創新。

（五）LINE自2011年推出以來，手機上LINE功能的導入，使消費者在無線通話、對話、聊天、視訊等功能上，又進一步創新，影響人類很大。

（六）多年來，udn聯合新聞網，ETtoday、中時電子報等網路新聞出現，使消費者更加容易看到當天即時的新聞訊息，不一定仰賴有線電視新聞，這也是一種創新。

（七）美國主流社群媒體FB、IG、YT（YouTube）三種平台的出現，也大大影響消費者的工作及生活，而社群廣告量也大幅上升，成為主流廣告投放。

（八）美國Google關鍵字搜尋及Google Map地理位置搜尋等，也給消費者很大便利，這些都是很有影響力的創新。

（九）台灣大計程車隊的「55688」叫車到定點的模式，也方便很多在郊區的生活者。

（十）momo及PCHome網購公司都能在24小時內，把貨快速宅配到家，這也是一種物流速度上的極大創新。

（十一）近三年崛起的foodpanda及Uber Eats二家美食快送，能在30分鐘內，把美食、餐飲、生鮮雜貨快速送到家裡，也是一種極大創新。

（十二）Dyson無線吸塵器推出，改變了過去插頭的麻煩，方便消費者，也是家電的創新。

（十三）王品餐飲集團推出25個不同口味的餐食品牌，可滿足消費者的不同選擇，也算是創新一種。

（十四）Gogoro電動機車的推出，相較過去的汽油機車，也是一種創新。

（十五）美國Tesla（特斯拉）電動汽車推出，是全球第一款車，也是減碳的創新。

（十六）大立光在iPhone手機上的三顆拍攝鏡頭，使拍攝更加完美，是技術上的創新。

（十七）全聯超市的手機PX Pay及全家便利商店的My FamiPay，都是零售據點手機付款方式的創新變革。

（十八）近五年來，便利商店大店化、餐桌化、咖啡化等創新趨勢，也方便消費者不少。

（十九）有線電視新聞台Live（現場）同步播出，也是新聞傳播上的創新。

（二十）Costco（好市多）美式賣場在台推出，與家樂福相比較，是一種賣場風格的創新。

（二十一）寶雅美妝／生活雜貨店型的出現，也方便不少女性消費者。

圖9-1　創新案例

1.Apple／iPhone智慧型手機創新推出。	2.台積電3奈米晶片創新推出。	3.有線電視台100多個頻道創新推出。
4.Line TV、Netflix、愛奇藝等串流影音OTT創新推出。	5.手機LINE無線通訊功能創新推出。	6.udn、ETtoday等網路新聞推出。
7.FB、IG、YT三大社群平台的創新推出。	8.Google關鍵字的創新推出。	9.台灣大計程車隊55688的創新推出。
10.momo及PCHome網購24小時快速到宅。	11.foodpanda及Uber Eats美食快送的創新推出。	12.Dyson無線吸塵器的創新推出。
13.Gogoro電動機車的創新推出。	14.美國特斯拉電動汽車創新推出。	15.大立光手機三鏡頭的創新推出。
16.全聯超市PX Pay的創新推出。	17.便利商店大店化、餐桌化的創新推出。	18.Costco美式賣場的創新推出。

三、從哪裡創新？

企業要創新，可以從很多種面向切入，包括下面10個面向：

10個面向	成功企業
1.經營模式創新	foodpanda、台灣大計程車隊、7-11大店化、LINE功能等。
2.產品創新	iPhone智慧型手機、Gogoro電動機車、特斯拉電動汽車等。
3.技術創新	台積電晶片、大立光手機鏡頭等。
4.設計創新	
5.製造創新	
6.管理創新	
7.組織模式創新	
8.行銷創新	
9.物流創新	
10.服務創新	

四、企業應如何創新？

企業可從以下幾項作法去做，以加強創新的績效，包括：

（一）要把創新這一項工作指標，融入到企業文化、組織文化內，形成全體員工及全體部門的日常工作信念及指引。

（二）每月要舉辦一次各部門「創新工作會報」的會議，以形成每月一次的慣例會議，長期運作下來，創新一定會有成效的。

（三）有些公司，甚至成立跨部門的「創新委員會」組織，由此組織專責來推動創新事宜。

（四）有些公司，甚至每年舉辦一次大型的「全員創新提案競賽」活動。

（五）公司應針對創新有成果、成效的案例，給予該單位員工，發放較大額的「創新獎金」，以激勵大家的創新意願及創新士氣。

（六）最後，公司人資單位也應該把創新這一項工作表現，納入部門及員工的績效考核表內的一項重要指標，以引起全員的重視。

圖9-2 企業應如何創新

1 要把創新工作，融入成為企業文化、組織文化的一項因子。	2 每月定期舉辦各部門「創新工作會報」的會議。	3 成立跨部門的「創新委員會」，專責來推動。
4 每年舉辦一次大型的「全員創新提案競賽」活動。	5 及時發給有成果單位及人員可觀的「創新獎金」。	6 人資單位將創新要素放入年終績效考核表內。

五、創新的重要性

創新具有多種面向的重要性，包括：

（一）產品創新：可以增加產品附加價值及售價，因此可以增加公司利潤，

提高公司的整體營運績效。

（二）經營模式創新：可以打造出公司的新事業營運、新公司組織，帶動公司的持續性再成長及規模更擴大。

（三）行銷創新：可以增加公司產品在市場的業績收入及市占率，帶動公司在市場上的領導地位。

（四）物流創新：可以加速物流宅配到家，大幅提高顧客滿意度。

（五）服務創新：可以增加顧客對售後服務的好口碑，並增加顧客回流率。

（六）製造創新：可以提高產品的品質水準及穩定性，並可能降低傳統的製造成本。

（七）組織創新，可以增強組織的機動力、應變力及敏捷力。

圖9-3　創新的七個重要性

01 創新可以增加產品附加價值及售價，最終增加獲利能力。

02 創新可以打造出新事業、新公司組織，帶動公司持續性成長。

03 創新可以增加產品的銷售收入、市占率及市場領導地位。

04 創新可以加速物流宅配到家，提高顧客滿意度。

05 創新可以提高顧客對售後服務好口碑。

06 創新可以提高產品品質水準並降低成本。

07 創新可以增強組織機動力、應變力及敏捷力。

Chapter 10

達成經濟規模化

達成經濟規模化

一、什麼是「經濟規模」？

經濟規模（economy scale）是指，凡是生產量、門市店數、採購量、銷售量等，超過某一個經濟規模數量，即可以享受成本上的優勢及利潤上的優勢。

例如：

統一超商有6,800店，而OK超商只有800店，那麼統一超商的6,800店已達顯著經濟規模，其在採購成本、幕僚成本、廣告投放成本，以及營收額創造、利潤創造，一定都可以超越OK超商。即統一超商（7-11）的整體競爭力都會比OK超商更強大。

例如：

有一家100萬輛大汽車廠，它比一家10萬輛小汽車廠，一定更具有經濟規模性，包括採購成本及製造成本，大汽車廠一定比小汽車廠更具有競爭優勢。

二、零售業及服務業第一名的店數經濟規模化案例

茲列舉下列零售業及服務業各行業第一名的店數經濟規模，如下：

表10-1 已達經濟規模化的門市店數	
1. 7-11：6,800店	2. 全聯超市：1,200店
3. 屈臣氏：550店	4. 新光三越：19館
5. 家樂福量販店：320店	6. 王品25個品牌，餐廳店：330店
7. 美妝及生活用品店，寶雅：250店	8. 大樹藥局：250店
9. 八方雲集：900店	10. 中華電信：600店

三、經濟規模化的好處及優點

凡是生產、採購、銷售及營運等達到經濟規模化的好處及優點，有如下幾點：

（一）可以有效降低成本：包括採購成本、製造成本、物流成本及門市營運成本等。

（二）可以快速增加營收。

（三）可以超越損益平衡點，而開始賺錢。

（四）可以穩定而且長期的獲利。

（五）可以提高整體公司的市場競爭力。

（六）可以拉開與競爭對手的距離：例如：統一超商6,800店及全聯1,200店，是競爭對手跟不上來的。

圖10-2　經濟規模化的好處及優點

1
可以有效降低採購、製造、物流、門市等成本。

2
可以快速增加營收。

3
可以長期而穩定獲利。

4
可以提高整體市場競爭力。

5
可以拉開與競爭對手的距離。

6
可以超越損益平衡點。

四、經濟規模化的二種產業類型

經濟規模化可從二種產業類型來看：

（一）製造業：就是要擴大生產／製造的規模化；工廠規模愈大，其整體製造成本就會愈低，然後才有成本競爭力。

（二）零售業及服務業：就是要擴大門市店數，加盟店數的連鎖規模；連鎖規模愈多，其營運成本就會降低，另一方面，其營收及獲利也才會提高。

圖10-3　經濟規模化的二種產業類型

製造業
製造工廠規模愈大，其平均每件成本就愈低。

V.S

零售業／服務業
門市店連鎖規模愈大，其平均門市店營運成本就愈低。

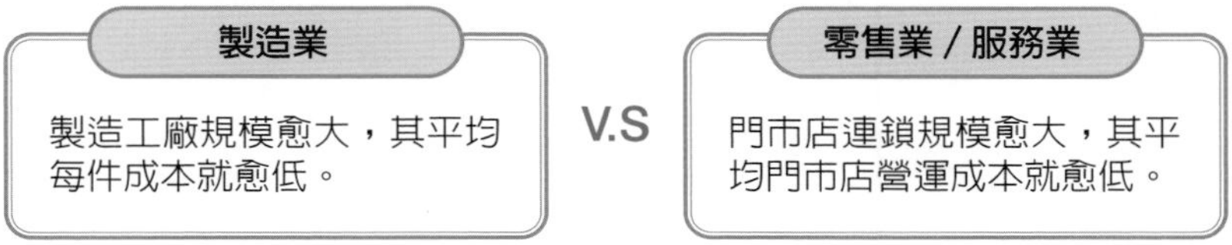

五、達成經濟規模化的準備要件

經濟規模化是一個較大型規模的運作，要成功達成具有效率化、效能化的經濟規模化營運，必須做好下列要件：

（一）要有足夠資金準備：凡是要建大型工廠、快速擴大展店，或是併購別人公司以擴大經濟，則需要巨大資金的準備及投入。

（二）要有足夠人才準備：門市店的擴大連鎖規模，必須要有足夠的店長人才準備，才能做好連鎖經營。

（三）要有SOP標準化流程準備：門市店、連鎖店的擴大規模經營，必須仰賴SOP標準化、制度化流程去操作，才能快速擴展。

圖10-4　達成經濟規模化的準備要件

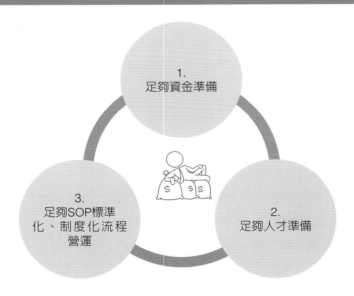

Chapter 11

努力邁向IPO

努力邁向IPO

一、IPO的意義

所謂IPO (Initial Public Offering)，即公司首次掛牌上市櫃的意思，亦即公司已經成為證券市場的上市公司或上櫃公司了。一般公司，在IPO上市櫃之前，都是先上「興櫃公司」，然後成為「上櫃公司」，最後再成為「上市公司」。

現在，由於政府鼓勵企業儘量上市櫃，故其審核條件已逐漸放寬，並不算十分困難。

圖11-1 | IPO的意義

・公司首次掛牌上市、上櫃。
・公司股票首次公開發行。

二、IPO的好處及優點

公司IPO成為上市櫃公司，可為公司帶來不少好處及優點，如下述：

（一）取得低成本資金來源

公司上市櫃之後，即可在公開資本市場，取得極低成本的資金來源，有利於公司加速拓展其營運規模。

（二）提高公司總市值

公司上市櫃之後，即有公開且客觀的股票價格，可以依此價格，算出公司的總市值，如果公司經營良好，且股價不斷升高，則企業總市值也會不斷創新高，代表這家公司的優良經營績效及有價值經營。

（三）吸引優利人才

上市櫃公司因為公司薪資、獎金、紅利、福利等，都比未上市櫃公司要好很多，因此，自然能夠吸引到更多、更好、更優秀的人才到公司來，公司也因此進入良好循環，也強化了公司的總體人才競爭力。

（四）獲得個人財務利得

一般而言，凡是公司第一次上市櫃，都要以低價認購各級員工一些股票，此股票日後若上升到100元、200元、300元……等，則每位員工及每位幹部所獲股票差價的財務利得，也算是不少的，員工及幹部們都會皆大歡喜。

（五）提高企業形象

成為上市櫃公司，進入公開資本證券市場掛牌，若營運績效優良，不斷提升股價及企業總市值，必可大幅強化企業形象及知名度，為企業帶來更美好的未來。

（六）取得銀行低利率貸款

若公司在營運期間，有任何重大投資時，也比較容易向銀行取得低利率且長期的貸款，壯大其長期拓展經營，或其全球化布局。

圖11-2　IPO的好處及優點

1　可取得低成本資金來源。

2　可提高公司總市值。

3　可吸引優利人才。

4　可獲得個人的財務利得。

5　可提高企業形象及知名度。

6　可取得銀行低利率貸款。

三、上市櫃過程，應注意事項

公司在申請上市櫃過程中，應注意到下列幾點：

（一）成立專案小組

公司內部應組成「上市櫃專案小組」，由財務部主辦，各部門一級主管均加入成為組員。大家共同努力為此專案而成功。

（二）找承銷商輔導

接著公司必須找一家良好往來的承銷商，輔導公司成為合格的上市櫃公司。找證券承銷商輔導，一方面是為了符合政府證交所的法規，另一方面也是可以強化公司的經營體質，提高公司的經營績效。

（三）做好經營績效

　　在輔導承銷商合作下，公司為了在上市櫃中，拿到好看的股票價格，因此都會努力創造近三年公司的優良經營績效，包括：好看的營收額成長率、好看的獲利率、好看的EPS（每股盈餘）、好看的ROE（股東權益報酬率）、好看的市占率、好看的市場領導排名、好看的未來成長性、好看的企業競爭優勢及企業核心能力。

（四）遵照證交所法規

　　政府證交所對企業上市櫃都訂有一套完整法規，可供企業輔導遵循。因此，企業申請上市櫃作業中，一定要依此法規執行，才能夠合格通過。

（五）進行證交所審查會簡報

　　最後一關，是公司經營團隊成員，必須到證交所會議室進行與外部委員的審查簡報及詢答會議，通過後，才算正式通過合格。公司最後都會積極努力準備此項重要的審查簡報會議。

（六）正式上市櫃

　　通過證交所審查會議及證交所董事會核可後，公司即正式成為合格的上市櫃公司，正式掛牌那一天，在證交所可舉辦一場記者發布會。宣告公司正式掛牌上市櫃。

圖11-3　上市櫃過程，應注意事項

❶ 公司成立專案小組	❷ 找承銷商輔導	❸ 做好近三年經營績效指標
❹ 遵照證交所一切法規	❺ 進行證交所審核會簡報	❻ 正式上市櫃

四、上市櫃後，影響股價之因素

公司上市櫃後，其股價表現高低，主要看下列五大因素而定：

（一）公司獲利及EPS高低

只要公司獲利及EPS（每股盈餘）愈高，則其股價就會愈高，反之，則愈低。

（二）看P/E ratio（本益比）

本益比愈高，則股價也就愈高，本益比就是投資機構對此公司、此產品未來的產業前景看法如何；對此產業前景看法愈好，則其股價也就愈高。反之，則股價愈低。

（三）看公司未來成長性

公司中長期發展及成長性愈被看好，則股價就愈高；例如：電動車、晶圓半導體、5G、AI等未來成長性都被看好。

（四）看公司在此行業中領導地位

若公司在此行業中，市占率永遠保持第一的領先／領導地位，則其股價也就愈高。

（五）看公司投入ESG努力程度

現在，外資的投資機構也很看重公司對ESG（E：環保維護；S：社會關懷；G：公司治理）的重視程度；凡是公司愈努力投入ESG的，就被視為可以比較永續性的經營，其股價也就會比較高。

圖11-4　上市櫃後，影響股價五大因素

1.看公司獲利及EPS高低如何。

2.看P／E ratio本益比如何。

3.看公司中長期未來成長性如何。

4.看公司在此行業中領導、領先地位如何。

5.看公司投入ESG努力程度如何。

日本大金冷氣公司社長　十河政則

一、經營管理智慧金句

1. 一直以來，我們都是靠著挑戰問題而得到成長，我們認為：變化就是機會。

2. 雖然減碳、ESG投資、供應鏈等被視為痛苦，但我卻不認為這是苦，反而是管理的重要一環，重要的是如何隨之發展。

3. 在這個危機四伏的時代，我更加感受到先發制人的重要性。

二、圖示

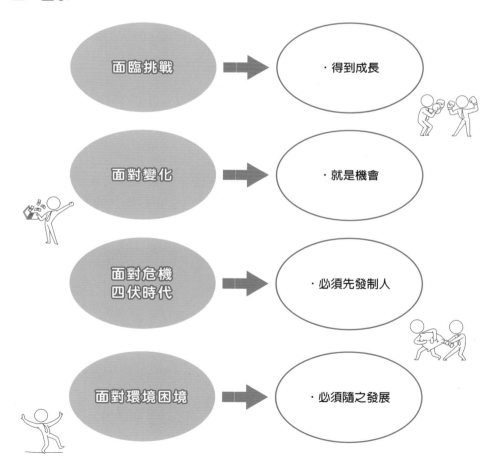

Chapter 12

目標管理與數字管理

目標管理與數字管理

一、目標管理與數字管理的意義及重要性

（一）在1960年代的60多年前，美國管理大師彼得・杜拉克就已經提出
MBO的觀念。MBO即是：Management by Objective，目標管理。他
強調企業的經營及管理，最首要及最重要的就是，凡事必須先「設立
目標」，然後，再做規劃及執行。

（二）另外，彼得・杜拉克也強調：「沒有目標，就沒有管理；沒有數字，
就不是管理。」

圖12-1　目標管理的意義

MBO
・Management by Objective
・目標管理

・有目標，才能管理。
・沒有目標，就沒有管理。

二、各部門的目標及數字管理指標示例

（一）全公司目標示例

1.每年營收成長率：3%～5%。

2.每年毛利率目標：35%～40%。

3.每年獲利率目標：8%提高10%。

4.三年上興櫃、五年上櫃、七年上市。

（二）生產／製造部

1.每年生產良率：從98%提高到100%。

2.每年產能利用率：從90%提高到100%。

（三）人力資源部

每年人事離職率，從10%降到5%。

（四）採購部

每年採購成本一律降低3%～5%。

（五）商品開發部

每年新產品開發推出二款新品。

（六）物流部

每年物流速度目標設定在24小時快速宅配到家。

（七）業務部

1.每年市占率目標，從15%→提升到20%。

2.每年門市店拓展目標：以每年增30店為目標。

（八）品牌部

每年品牌排名要進入市場前三名為目標。

圖12-2　目標及數字管理指標示例

1. 營收成長率目標	2. 毛利率目標	3. 獲利率目標	4. 公司上市櫃目標
5. 生產良率目標	6. 產能利用率目標	7. 人事離職率目標	8. 採購成本下降目標
9. 新產品開發數目標	10. 物流速度目標	11. 市占率目標	12. 門市拓展數目標
13. 品牌地位排名目標	14. ROE目標	15. 股價及企業總市值目標	16. 顧客滿意度目標

三、目標管理注意要點

（一）目標管理的數字設定，要注意不能太高也不能太低。太高，達不成也沒有效果，而且打擊組織士氣；太低，太容易達成也不好，缺乏組織挑戰精神。故要合理、可行性、可達成的數字目標為宜。

（二）目標管理的數字，若因內外部環境變化大，則其目標數字，可做適當調整，以符合現實狀況。

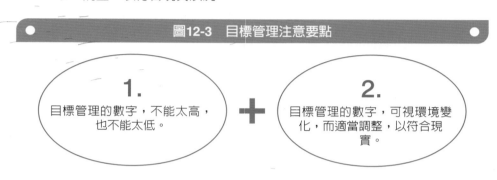

圖12-3　目標管理注意要點

四、目標管理的五種層次

目標管理在組織內部，可區分為五種層次，如下圖示：

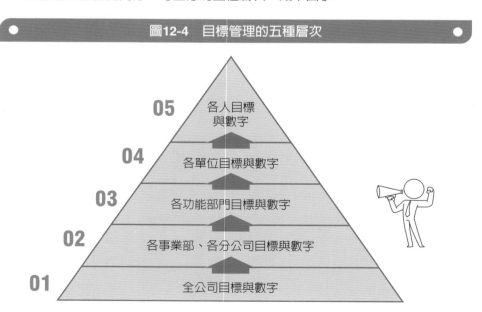

圖12-4　目標管理的五種層次

Chapter 13

強化核心能力與競爭優勢

一　核心能力的重要性及案例

二　競爭優勢的重要性

三　競爭優勢的14個種類

強化核心能力與競爭優勢

一、核心能力的重要性及案例

任何公司要在激烈競爭市場上致勝，必須要有致勝武器，這個武器，即是「核心能力」（Core Competence）。任何公司一定要打造出自己的核心專長與核心能力，才能在市場上屹立不搖，才能超越競爭對手，成為該行業的領導品牌。

例如：

台積電的核心能力：

就是晶圓半導體先進研發及製造技術，此項核心能力已經位居全球第一位。

例如：

統一超商7-11的核心能力：

就是全台6,800店便利商店的連鎖化經營及物流配送能力；統一超商已成為便利商店業的第一大零售業公司。

例如：

大立光核心能力：

大立光的核心能力，就是智慧型手機的照相鏡頭研發與製造能力，目前已位居全球第一位。

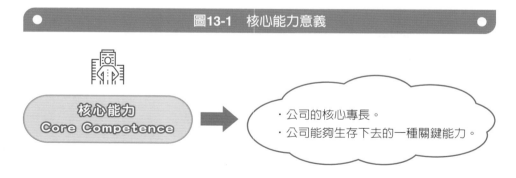

圖13-1 核心能力意義

核心能力
Core Competence

・公司的核心專長。
・公司能夠生存下去的一種關鍵能力。

二、競爭優勢的重要性

任何公司在市場競爭中，要贏過競爭對手，最重要的就是要有競爭優勢（Competitive Advantage），所以，公司一定要創造出全方位或是部分領域的相對競爭優勢。

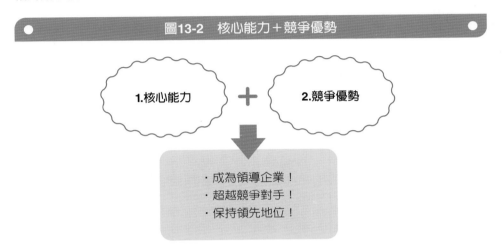

圖13-2　核心能力＋競爭優勢

1.核心能力　＋　2.競爭優勢

・成為領導企業！
・超越競爭對手！
・保持領先地位！

三、競爭優勢的14個種類

從實務來看，競爭優勢的項目或種類，可從以下14個類別來看待：

（一）低成本優勢

例如：台商在中國及東南亞設廠生產，就是為了低成本優勢。

（二）技術創新與領先優勢

例如：台積電、大立光、聯發科、鴻海⋯⋯等科技公司，都是在技術領域的不斷創新及領先的優勢。

（三）經濟規模優勢

例如：7-11全台6,800店規模優勢，全聯超市全台1,200店規模優勢，家樂福全台320店量販店規模優勢。

（四）物流中心優勢

例如：momo網購公司在全台有50個大型及中型的物流倉儲中心，才得以快速宅配到家的優勢。

（五）差異化優勢

例如：寶雅美妝，雜貨店的差異化優勢，以及Costco（好市多）美式賣場的差異化經營優勢。另外，美國特斯拉（Tesla）電動車的差異化優勢也屬之。

（六）多品牌優勢

例如：王品餐飲集團的25個品牌，瓦城餐飲的6個品牌，統一茶飲料的4個品牌，P&G洗髮精的4個品牌等，都是具有多品牌市場優勢的。

（七）世界名牌優勢

例如：歐洲很多品牌精品，像LV、Gucci、Hermes、Dior、Chanel、Prada……等，以及名牌手錶、名牌汽車等都是具有全球名牌的高度優勢，所以能歷久不衰。

（八）便利優勢

例如：7-11的CITY CAFE（6,800店）及全家的Let's cafe（4,200店），由於全台店數多，故購買很方便，具有高便利優勢。

（九）服務優勢

例如：中華電信全台600家直營門市店的服務優勢。

（十）高品質優勢

例如：Dyson吸塵器、Panasonic家電、iPhone手機、Sony家電、三星手機、LG家電、TOYOTA汽車、日立／大金冷氣機等，都是具有高品質優勢的代表。

（十一）高、中、低三種價位並進優勢

例如：TOYOTA汽車、王品餐飲集團等，都是具有高、中、低三種不同定位與價位並進優勢的代表。

（十二）一站購足，品項多元優勢

例如：家樂福、Costco好市多、momo網購、寶雅美妝店等都具有一站購足與品項多元化的優勢。

（十三）低價格優勢

在庶民經濟時代，低價格受到不少人歡迎。例如：全聯超市、家樂福量販店、石二鍋火鍋、Costco好市多等具有低價位優勢。

（十四）先入市場優勢

例如：統一企業、統一超商、P&G日用品、聯合利華日用品、台灣花王等，都是老牌企業，具有早期先入市場，占有市場的競爭優勢。

圖13-3　競爭優勢的14個種類

1.低成本優勢	2.技術創新與領先優勢	3.經濟規模化優勢
4.物流中心優勢	5.差異化優勢	6.多品牌優勢
7.世界名牌優勢	8.便利優勢	9.服務優勢
10.高品質優勢	11.高、中、低三種價位並進優勢	12.一站購足、品項多元優勢

 13.低價位優勢　　14.先入市場優勢

京站百貨公司前總經理　柯愫吟

一、經營管理智慧金句

　　我覺得，我們應該像變形蟲一樣，滿足客戶的需求，就是我們的使命。不要區分哪個通路營收占比，重要的是，準備好自己的實力，當顧客需求出現，就要能夠立刻滿足。

二、圖示

企業經營必須像變形蟲一樣

能夠快速、立刻滿足顧客的各種需求及期待

激勵全員

Chapter 14

激勵全員

一、高科技公司員工平均年薪是傳統產業及服務業的三倍之多

任何員工，不管是基層或幹部都是需要被激勵的。員工來上班，最根本的需求，就是經濟需求，也就是錢的需求。

很多上班族，都很想到台積電、鴻海、大立光、聯發科、聯電……等高科技公司上班，最主要就是這些公司擁有高的年薪，包括月薪、年終獎金、績效獎金、紅利獎金、特別貢獻獎金等。

根據統計，台積電的7萬多名員工平均年薪達到180萬元，是傳統產業及服務業平均60萬年薪的3倍之多，兩者差距甚大。

圖14-1　高科技員工年薪是傳產業及服務業的三倍

高科技業
· 平均員工年薪為180萬元。

→

傳產業及服務業
· 平均員工年薪僅為60萬元，為科技業的1/3而已。

二、激勵有四種類型

對全員的激勵，主要可以表現在下列四種類型：

（一）物質金錢的激勵（最重要一個）

包括：月薪、年終獎金、績效獎金、紅利獎金、特別貢獻獎金及股票認股、每年定期調薪等七種物質金錢的激勵。如前述，高科技業的總年薪是傳產業及服務業的3倍之多，難怪會吸引很多理工科系畢業的學生。

（二）心理面的激勵

包括：老闆口頭獎勵、舉行表揚大會、email全公司通告表揚、部門聚餐等。

（三）晉升激勵

另外，職務上的晉升，也是很有激勵性，例如：升副理、升經理、升協理、升總監、升副總、升總經理等。

（四）高階主管另有：配車、配秘書、配個人辦公室等激勵方法。

圖14-2 激勵員工的四種類型

1.物質金錢的激勵

· 月薪
· 年終獎金
· 績效獎金
· 紅利獎金
· 特別貢獻獎金
· 定期調薪
· 股票認股

2.心理面激勵

· 老闆口頭獎勵
· 舉行表揚大會
· 部門聚餐

3.晉升激勵

· 職務、職稱上的各級晉升。

4.高階主管激勵

· 配車
· 配秘書
· 配個人辦公室

三、物質金錢激勵的重要性

物質金錢激勵對員工的重要性，主要有六點：

（一）可以滿足員工基本生活需求

員工們都有自己的家庭，他們要吃飯、買房、買車、買東西、結婚、旅遊、教育子女、存退休金等各種經濟需求，故物質金錢愈多，愈會提高員工的滿意度。

（二）可以激發員工潛能

物質金錢上的激勵，長期下來必可以激發員工最大潛能，為公司做更多、更大的貢獻，最終獲利的仍是公司。

（三）可以提振每位員工長期工作下的倦怠及士氣精神。

（四）可以激發每位員工更加努力與勤奮工作，提高公司整體競爭力。

（五）可以吸引更多優秀、更有專長的各種好人才進到公司來，以更加壯大公司的人才團隊。

（六）很多研究顯示證實：各種激勵與員工績效之間，有很密切的關係。

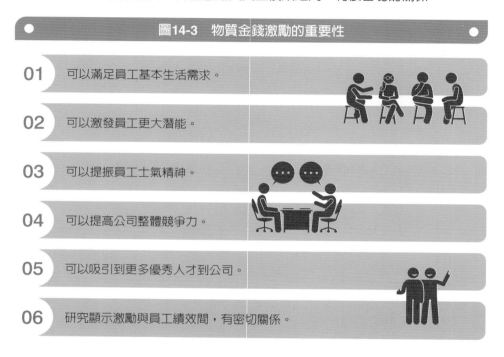

圖14-3　物質金錢激勵的重要性

01　可以滿足員工基本生活需求。

02　可以激發員工更大潛能。

03　可以提振員工士氣精神。

04　可以提高公司整體競爭力。

05　可以吸引到更多優秀人才到公司。

06　研究顯示激勵與員工績效間，有密切關係。

Chapter **15**

管理＝科學＋人性

一	管理是科學問題
二	管理也是人性問題
三	管理＝50%科學＋50%人性

管理＝科學＋人性

一、管理是科學問題

管理，最主要還是要秉持科學精神與注重數字問題。下面都是管理工作上，經常看到、用到的專業名詞。

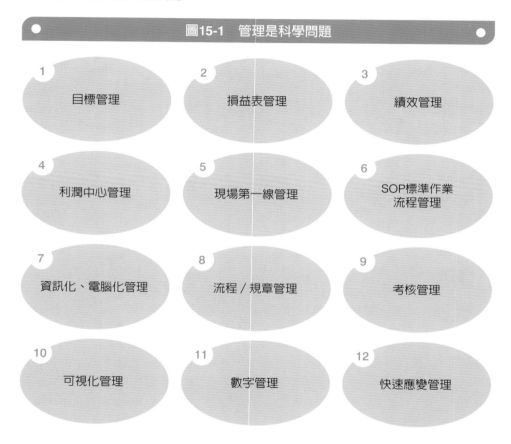

圖15-1 管理是科學問題

1 目標管理

2 損益表管理

3 績效管理

4 利潤中心管理

5 現場第一線管理

6 SOP標準作業流程管理

7 資訊化、電腦化管理

8 流程／規章管理

9 考核管理

10 可視化管理

11 數字管理

12 快速應變管理

二、管理也是人性問題

但是，管理也有人性面、藝術面的問題，例如：

（一）人與人溝通。

（二）人與人協調。

（三）對員工的激勵與讚美。

（四）如何提高員工努力、勤奮的工作士氣與動機。

（五）如何激發員工的潛能，為公司做更大貢獻。

（六）幫助員工的危難救助。

（七）如何領導團隊，邁向成功的企業。

圖15-2　管理也是人性問題

01 溝通	02 協調	03 指揮
04 領導	05 激勵	06 動機
07 潛能	08 團隊合作	09 主動積極

三、管理＝50%科學＋50%人性

➤ 如果我們太單一重視科學面，而忽略人性面，那麼會變成員工只是公司的勞動力而已，整天辛苦為工作，而沒有得到足夠的激勵與人性滿足。

➤ 反之，如果唯一重視人性面，就會變成大家只是做好人，缺乏組織管理，公司績效就會變差。

圖15-3　管理是科學＋人性的綜合體

管理 ＝ 50%科學 ＋ 50%人性 ➤ 最好的管理分配

上品綜合工業公司董事長　侯嘉生

一、經營管理智慧金句

1. 只要跟上客戶要求，市場就在哪裡。

2. 勇於開創的DNA，才是我們公司能搭上趨勢起飛的門票。

3. 服務能做到買一送五，客戶選擇機會自然大。

二、圖示

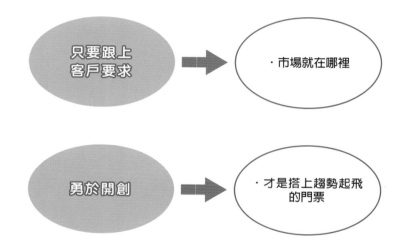

只要跟上客戶要求 → ·市場就在哪裡

勇於開創 → ·才是搭上趨勢起飛的門票

Chapter **16**

遠見與前瞻

遠見與前瞻

一、遠見與前瞻案例

（一）台積電

台積電經營眼光已經前瞻到多年後的2030年，估計該年營收額將達2.7兆新台幣，是2021年的2倍之多。而在技術領先方面，現在已規劃到2023年～2025年將生產3奈米及2奈米的晶片半導體。而在全球布局方面，除台灣竹科、中科、南科及高雄四地外，另有美國亞利桑納州、日本熊本、中國南京及德國等地工廠，預計未來十年內還要再設12個新工廠。

（二）全聯超市

全聯用20多年時間，就達到展店1,200店及年營收1,700億元，已快趕上統一超商6,800店及年營收1,800億元。全聯已成為國內第二大零售業公司。

（三）momo網購

momo網購僅用十七年時間，就將電商網購年營收規模做到1,100億元，成為國內第一大網購公司，其營收額也比新光三越百貨全台19館更高。momo公司這五年投資大量資金，在全台建立50個大、中型物流倉儲中心，以備未來十年的長程發展。

圖16-1　遠見與前瞻案例

1.高科技業	2.超市業	3.網購業
台積電預計2030年年營收額將達2.7兆元。	全聯超市已成全台第一大超市公司，預計2030年將達1,500店及年營收2,000億元。	momo網購年營收已達1,100億，為全台最大電商公司，全台設立50個物流中心。

二、遠見與前瞻的七個重點

（一）規模化遠見與前瞻

能看到未來五年、十年、二十年之後的工廠規模、營運規模、店數規模、物流規模。

（二）中長期布局遠見與前瞻

能夠預測國內外產業的變化與趨勢、走向，而知道做好公司及集團的中長期布局。

（三）經營策略遠見與前瞻

如何用對的、用有效的經營策略，面對未來十年的環境變化及成長需求。

（四）成長遠見與前瞻

公司的營收、獲利、EPS、ROE等，都要尋求持續性的成長，唯有能成長下去，公司才能永續經營。

（五）技術遠見及前瞻

公司技術與研發的眼光，必須放眼到十年、二十年之後的演變趨勢及方向掌握，才能引領技術的領先與技術的優勢，然後，才有市場的領導地位，就如台積電晶圓技術領先全球一樣。

（六）資金準備遠見及前瞻

企業要擴大國內經營布局全球，第一個要準備的就是資金需求及財務口袋要夠深。因此，凡是大公司，95%一定是要上市櫃公司，才能夠於資本市場取得大量資金來源。總之，要放眼十年後，公司擴大後的資金準備。

（七）人才準備遠見及前瞻

公司要擴大工廠、擴大店數、擴大海外據點、擴大收購企業、擴大多品牌、擴大多角化經營等，都需要優秀的人才團隊，因此，人才的準備及儲備培訓，也要用五年、十年後的眼光來看待。

圖16-2 遠見與前瞻的7個重點

1 規模化遠見

2 中長期布局遠見（十年布局）

3 經營策略遠見

4 持續成長遠見

5 技術領先遠見

6 資金準備遠見

7 人才準備遠見

三、遠見與前瞻的效益及好處

企業高階主管如果擁有遠見及前瞻性，其對企業的效益及好處可帶來如下幾點：

（一）企業可以不只是現在領先同業，未來也能同樣領先同業。

（二）企業可以保持中長期的持續成長曲線。

（三）企業可以邁向永續經營。

（四）企業可以逐步擴大經營規模及強化競爭力。

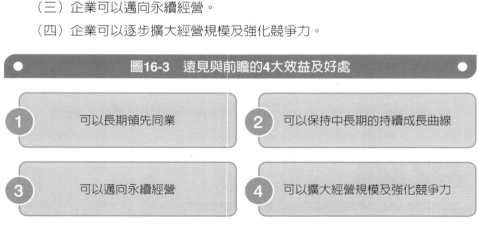

圖16-3 遠見與前瞻的4大效益及好處

1 可以長期領先同業

2 可以保持中長期的持續成長曲線

3 可以邁向永續經營

4 可以擴大經營規模及強化競爭力

四、哪個層級要有遠見與前瞻？

在公司內部，只要是愈高層級，就要愈有遠見及前瞻性。這些高層級包括二個：

➤ 第一個是董事長、總經理、執行董事的層級。

➤ 第二個是各部門一級主管，例如：研發長、技術長、企劃長、策略長、財務長、營運長等層級。

圖16-4　要有遠見與前瞻性的層級

> 董事長、總經理、執行長、執行董事

＋

> 營運長、研發長、技術長、策略長、財務長、企劃長等

> 對公司重大決策及長遠發展，要有遠見及前瞻性！

日本豐田汽車公司董事長　豐田章男

一、經營管理智慧金句

豐田汽車以未來為起點，對未來畫出理想願景。先設下高目標，再思考如何實現目標，尋找並採取各項解決方案，可以說豐田已向「以終為始」的經營方式，踏出了一步。

二、圖示

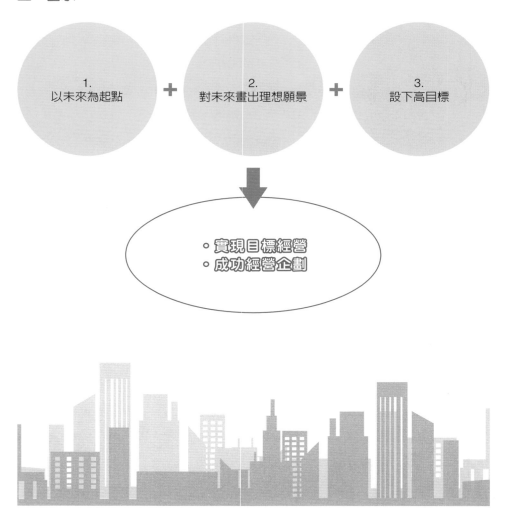

1.
以未來為起點

＋

2.
對未來畫出理想願景

＋

3.
設下高目標

- 實現目標經營
- 成功經營企劃

Chapter 17

CSR+ESG

CSR＋ESG

一、什麼是CSR？

（一）所謂CSR，就是「企業社會責任」（英文為Corporate Social Responsibility）的意義。

（二）現在，普遍認為企業經營的終極目的，除了必要獲利賺錢之外，亦必須善盡企業的社會責任，因為，企業的賺錢，是「取之於社會，也要用之於社會」。因此，現代的企業必須多做些對社會關懷、社會救濟、社會贊助的一些回饋給社會弱勢族群。

（三）現在，證交所對大型上市公司都要求編製「ESG年報」，把每年所做的ESG，彙編成一本年度報告書，以做好善盡ESG的表率。

圖17-1　什麼是CSR

CSR / ESG
・企業社會責任
・Corporate Social Responsibility

善盡企業對社會環境保護及社會弱勢族群的關懷與救濟

（四）另外，現在很多大型企業或集團，也都成立慈善基金會或文化基金會，做CSR這方面的善舉，例如：

1.台積電慈善基金會

2.鴻海永齡基金會

3.TVBS關懷基金會

4.統一超商慈善基金會

5.富邦文教基金會

6.其他各大型公司

二、什麼是ESG？

後來這幾年，有些專業投資機構，把CSR名稱，擴張成為ESG，即：

➤ E：Environment，對環境保護的盡心盡力。

➤ S：Social，對社會的關懷及社會救濟、贊助。

➤ G：Governance，對公司治理的重視，即公司要符合透明化、公開化、要照顧大眾小股東的權益。

圖17-2 什麼是ESG?

1. Environment	2. Social	3. Governance
環境保護	社會關懷與救濟	重視公司治理

三、實踐CSR／ESG有何益處？

大企業必須實踐CSR／ESG，做這些事，可為企業帶來一些好處，包括：

（一）可符合政府對上市大公司的法規要求。

（二）可吸引更多國內外大型證券投資機構，投資本公司股票，有助這些好公司的股票價格更上升。

（三）可真正落實企業對社會關懷的優良企業形象。

（四）可使公司落實嚴格公司治理，塑造公司正派、誠信、永續的經營目標。

圖17-3 實踐CSR／ESG的好處

1.	2.	3.	4.
可符合政府法規要求	可吸引更多國內外證券投資機構投資本公司股東	可形塑優良企業形象	可使公司正派、誠信、永續經營

四、從EPS到ESG

　　過去，證券投資機構重視的是企業營收、獲利及EPS（每股盈餘），但現在，重視的反而是企業有沒有實踐ESG，所以這是從重視EPS到重視ESG的改變。

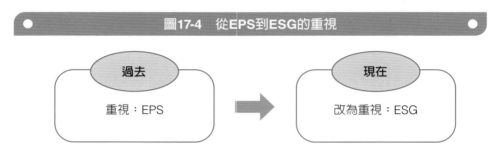

圖17-4　從EPS到ESG的重視

過去
重視：EPS

現在
改為重視：ESG

五、上市公司如何做好ESG？

　　（一）上市大公司經常會成立公司專責ESG工作的專責人員及專責單位。由這些專責人員及組織，去逐步規劃及落實ESG各項具體的工作計劃。

　　（二）上市大公司每年編製「CSR年報」或「ESG年報」，以檢視這一年來落實做了哪些的ESG。

圖17-5　上市公司如何做好ESG

1.
成立專責ESG的工作人員及組織。

＋

2.
編列一定的ESG執行預算。

＋

3.
每年編製CSR年報或ESG年報。

行銷致勝的4P/1S/1B/2C 八項組合

一 什麼是行銷4P／1S／1B／2C八項組合？

行銷致勝的4P／1S／1B／2C八項組合

一、什麼是行銷4P／1S／1B／2C八項組合？

依據行銷學的觀念，最初提出行銷致勝的4項組合，即是行銷4P。然而根據筆者本人在企業界的多年實務經驗顯示，行銷致勝的完整全方位組合，應擴張為4P/1S/1B/2C的八項組合。唯有同步、同時做好、做強這八件事情，產品行銷才會致勝，才會暢銷。

現在，扼要說明做好這八件事的內容如下：

（一）Product（產品力）

廠商必須徹底做好高品質、優質的好產品，並強調產品的高質感、高附加價值、高品質、高顏值、高設計感、高度創新、高耐用、高功能等諸多特色，才是真正的好產品，也才能真正成為暢銷、長銷產品。

（二）Price（定價力）

產品定價不能太高，太高將使多數人買不起；現在是庶民經濟時代，平價、低價反而是廣受歡迎的。

因此，定價必須合理、必須讓人感到物超所值感、感到高CP值感，如此，消費者必會對價格感到滿意，並且可以提高回購率。

（三）Place（通路力）

廠商產品上架陳列到零售通路，必須虛實並進，亦即，實體通路要上架，虛擬網購通路也要上架，真正做好虛實融合，線上與線下融合（OMO, Online Merge Offline）。如此，才能方便消費者以更快的、24小時的、更方便的、更容易的買到所需要的產品，消費者才不會有怨言。

（四）Promotion（推廣力）

任何產品都必須適當的加以廣告、宣傳、公關報導、人員銷售、促銷及重視社群粉絲經營，如此，產品才能被消費者知道及了解，這種適時的推廣出去，產品比較容易銷售完成。

（五）Service（服務力）

現在的行銷，不只是要將產品行銷出去，而且更要做好產品的售後服務，特別是像汽車、機車、小家電、大家電、電信服務、電腦、手機、吸塵器……等耐久性商品，就更需要有親切、貼心、快速、完美、可以解決問題的售後服務或技術服務了。因此，現代行銷必須把服務提高到重要運作的一環才行。

（六）Branding（品牌力）

光只有產品力也是不夠的，行銷人員還必須把這個產品的「品牌」宣傳出去，必須把此品牌知名度、好感度、形象度都成功的打造出來，這樣消費者才會深刻的記住此產品，並和此品牌產生好的聯結性。如果，品牌還能做到更高一層的品牌信賴度、知名度、忠誠度、好感度、黏著度，那這個品牌就必會更加成功並具有長銷力，也必可成為此類產品的前三大品牌之一。

（七）CSR（企業社會責任力）

中大型企業及大型品牌，更須對企業的社會責任擔負起責任來，亦即對社會的環保關懷、救濟、贊助、捐助等都要負起更多的公益責任。唯有「取之於社會，用之於社會」，對社會負起公益責任，這個企業及這個品牌，才會得到消費者更大的認同、支持、肯定及信任，也才會有更好的優良品牌形象。

（八）CRM（顧客關係管理力）

CRM英文就是Customer Relationship Management，中文即是維繫好顧客的關係管理。現代企業大都有會員經營，如何照顧好、優惠好會員的關係及經營會員，並且鞏固好會員的深度關係，以守住此會員的回購率，也是行銷策略上重要的一環。

小結

總之，這一課也是企業經營管理課及行銷課上，非常重要的一堂課。

每家企業，每個廠商都必須從行銷4P/1S/1B/2C八件工作上，真正落實、做好、做強、做大這八件工作，那公司的產品必可長銷下去，暢銷下去，企業經營也必可成功。

図18-1　行銷致勝的4P/1S/1B/2C八件組合工作

1.
Product
（產品力）

2.
Price
（定價力）

3.
Place
（通路力）

4.
Promotion
（推廣力）

5.
Service
（服務力）

6.
Branding
（品牌力）

7.
CSR
（企業社會責任力）

8.
CRM
（顧客關係管理力）
（會員經營力）

- 產品必可暢銷、長銷
- 企業經營必可成功
- 行銷必可致勝

圖18-2　行銷4P/1S/1B/2C的重要內涵

1.產品力

· 高品質
· 高質感
· 高附加價值
· 高設計感
· 高度創新
· 高功能
· 高耐用

2.定價力

· 必須合理
· 高物超所值感
· 高CP值
· 高性價比
· 感到滿意的

3.通路力

· 實體通路上架的
· 電商網購通路上架的
· 線上與線下通路融合的

4.推廣力

· 必須廣告宣傳的
· 必須媒體報導的
· 必須促銷活動
· 必須人員銷售

5.服務力

· 快速服務
· 貼心親切
· 解決問題服務
· 完美服務

6.品牌力

· 高知名度
· 高好感度
· 高指名度
· 高信賴度
· 高忠誠度
· 高黏著度

7.企業社會責任力

· 對環境保護責任
· 對社會救濟、捐助責任
· 對公益活動投入

8.顧客關係管理力（會員經營力）

· 維繫好顧客的關係
· 給予會員顧客更多、更好的優惠回饋
· 做好會員經營

Chapter 18

行銷致勝的4P/1S/1B/2C八項組合

緯穎科技公司執行長　洪麗寗

一、經營管理智慧金句

1.你想做到多好，你的本事就會有多大。

2.從做代工，到學做品牌，探索先進技術，鞏固競爭優勢。

3.跳離舒適圈，接受新挑戰，持續學習讓自己和公司成長的事。

4.專注在自己想要的新舞台，新能力自然跟著長出來。

二、圖示

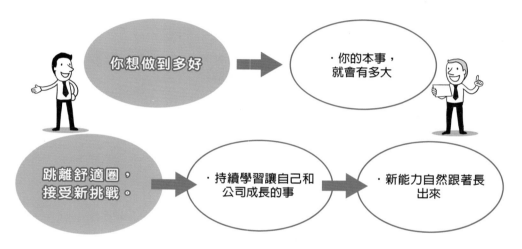

Chapter **19**

創造高附加價值
（高值化經營）

創造高附加價值（高值化經營）

一、高附加價值的重要性

高附加價值（high value-added）的重要性，有三項：

（一）有高附加價值，才會取得高價格的條件，有高價格，才會有高利潤。

（二）有高附加價值，才會讓顧客感到物超所值感，才能為顧客創造價值感及滿足感。

（三）有高附加價值，才會顯示產品在市場競爭中有更高的競爭優勢存在。

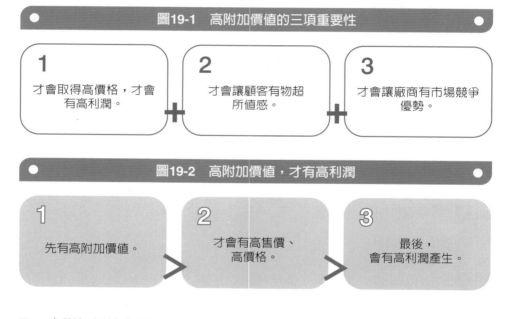

圖19-1　高附加價值的三項重要性

1 才會取得高價格，才會有高利潤。

2 才會讓顧客有物超所值感。

3 才會讓廠商有市場競爭優勢。

圖19-2　高附加價值，才有高利潤

1 先有高附加價值。

2 才會有高售價、高價格。

3 最後，會有高利潤產生。

二、高附加價值案例

茲列舉成功創造高附加價值之案例，如下：

（一）台積電

台積電技術領先，不斷研發出更先進的7奈米、5奈米、3奈米及2奈米、1.4奈米，晶片愈來愈精密並具高功能，其毛利率也超過50%以上的高毛利率，獲利率超過40%。

（二）星巴克

咖啡成本很低，但每杯咖啡能賣到130元～150元，比統一超商CITY CAFE的45元，還高出三倍價格之多，顯示台灣星巴克也是創造高附加價值的企業高手。

（三）Dyson吸塵器

來自英國，由台灣恆隆行公司總代理的Dyson吸塵器，售價近25,000元之高，是一般國產吸塵器8,000元的三倍多。Dyson所創造的高附加價值，就是：無線方便的、輕量不會很笨重的、馬達吸力是超強的。這些高附加價值，也是使Dyson能夠以高價位來獲得高利潤的原因。

（四）歐洲名牌精品、手錶

歐洲100多家以上的全球知名品牌，例如：LV、Gucci、Hermes、Chanel、Dior、Prada、Rolex（勞力士手錶）、百達斐麗（PP）錶等均屬之。

這些歐洲高級皮包、手錶，都能創造出高的設計價值、高的品質價值、高的品牌價值、高的榮耀心理價值，所以才能以極高價格行銷出去。

（五）日系家電

日系家電品牌，也是屬於能創造出高附加價值的公司，例如：Panasonic、Sony、日立、大金、象印、東芝、三菱等均屬之。它們的冷氣機、電冰箱、洗衣機、液晶電視機、熱水瓶、電子鍋、烤箱……等，均屬於較高品質及高價位的家電產品。

（六）捷安特自行車

台灣全球知名的品牌捷安特，也是能夠創造高附加價值的廠商；捷安特自行車在眾多自行車品牌中，是屬於中高價位的品牌。

（七）大立光

高科技公司、高股價的的大立光公司，以手機鏡頭的技術領先，創造出它的高附加價值，大立光的毛利率也超過50%，獲利率超過35%，與台積電一樣，大立光也是一家專注在高級手機鏡頭的研發與製造公司。

圖19-3　高附加價值案例

1 台積電公司	**2** 台灣星巴克
3 Dyson吸塵器	**4** 歐洲名牌精品及手錶公司（LV、Gucci、Hermes、Chanel、Dior、Prada、Rolex）
5 日系家電公司（Panasonic、Sony、日立、大金……）	
7 大立光公司	**6** 捷安特自行車

三、如何做？才會有高附加價值出來

廠商可以從下列幾個方向去著手，努力創造高附加價值出來：

（一）用最高等級、最高品質的原物料，做產品原料來源。

例如：用最好的棉花做衛生棉；用最好的麵粉做高檔麵包等。

（二）用最精密等級的零組件做出科技產品。

例如：iPhone手機由最好的零組件所組裝出來；Dyson吸塵器用最好的馬達所組裝出來。

（三）用最佳的製程技術及製造設備，做出最高品質檔次的好產品。

（四）用最厲害的設計師來設計產品。

（五）用最好的配方、成分為內容。

（六）用最尖端的研發技術去做產品創新突破。

（七）用最嚴格的品管要求。

（八）用最頂級的服務水準，去服務VIP貴賓級顧客會員。

圖19-4 創造高附加價值的八種來源方式

1.
用最高等級
原物料

2.
用最精密等級的
零組件

3.
用最佳製程技術及
最先進設備

4.
用最厲害的設計師

5.
用最好組合成分

6.
用最尖端研發技術

7.
用最嚴格品管要求

8.
用最頂級VIP貴賓
服務

四、哪些部門負責創造高附加價值

廠商高附加價值的創造，並非單一某個部門就能完成的，必須是全體部門的共同努力及團隊合作，才能打造出來的。

在組織裡，最主要跟高附加價值創造相關的，有以下九個主要部門，如下圖示：

圖19-5 九大部門努力共同創造高附加價值

1.研發部	2.商品開發部	3.設計部
4.採購部	5.製造部	6.品管部
7.業務部	8.行銷部	9.售後服務部

五、高附加價值的呈現面

就消費者來看，高附加價值的呈現面，可以包括下列幾個：

（一）功能面

強大功能、多功能、功能面很強大。

（二）耐用面

產品很耐用、壽命很長，用很久才會壞掉，或不易故障。

（三）品質面

產品品質面很穩定、很一致、很讓人放心、很讓人信賴、品質感很高級。

（四）服務面

產品服務很完善、很親和、很貼心、很快速、能夠很好的解決問題、服務成本很低。

（五）設計面

產品很有設計感、很有質感、很令人喜愛、很有高顏值感。

（六）口味面

產品口味很好、很棒、很多元、好吃、好懷念。

（七）配方成分面

產品配方成分，採用最高等級、最貴的原物料成分組合而成。

（八）技術面

產品技術面能夠不斷創新、突破、升級，以改良產生出更好的產品。

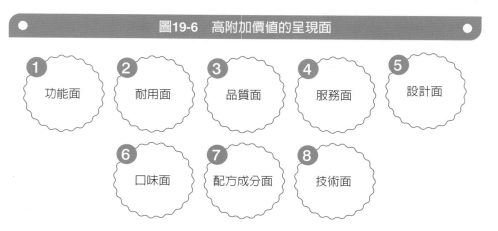

圖19-6　高附加價值的呈現面

1 功能面　2 耐用面　3 品質面　4 服務面　5 設計面

6 口味面　7 配方成分面　8 技術面

Chapter **20**

每月損益表分析

每月損益表分析

一、損益表的作用及功能

（一）損益表是每個月老闆及公司高階主管必看的財務報表。

（二）每月定期看過損益表，才能即時知道公司每個月是賺錢？或虧錢？賺多少或虧多少？

（三）損益表是一家公司財務報表中，最重要及最常用到的一個報表。
（注：財務三大報表是損益表、資產負債表、現金流量表。）

（四）有了每月損益表檢討，才知道公司未來該如何強化及改善哪些方向，才能使損益表更好看，也使公司提高更好的經營績效。

圖20-1　損益表的作用及功能

1	2	3
可以讓公司知道每個月是賺錢或虧錢？	可以讓公司知道當損益表不好看或虧錢時，知道如何改善及加強的方向重點所在。	可以讓公司知道我們的經營績效好不好？以及與競爭對手的比較又是如何？

二、損益表的公式表格

全球通用的損益表格式，如下所示：

圖20-2　損益表公式表格

```
            營業收入
          － 營業成本
            營業毛利
          － 營業費用
            營業損益
          ± 營業外收支
            稅前損益
```

在損益表中，有幾項重要比例，如下：

（一）成本率＝營業成本／營業收入

- 主要看本公司營業成本率會不會偏高？若偏高，就要思考如何降低營業成本（或稱製造成本）了。

- 成本率，當然力求愈低愈好，所以，很多台商製造業，都跑到中國、越南、泰國、印尼、馬來西亞、菲律賓，甚至印度、非洲等國家去設廠生產。

（二）毛利率＝毛利額／營業收入

- 一般行業平均的毛利率大約在30％～40％；比較高的，也有40％～60％之高。例如：台積電高科技公司的毛利率就高達50％，大立光科技公司也是50％以上毛利率。另外，像歐洲名牌精品公司LV、Gucci、Hermes、Chanel、Rolex……等，毛利率則突破到60％～70％之高。

- 但也有製造代工業的毛利率則低到6％～10％之間，像鴻海公司為美國iPhone手機的代工毛利率只有6％而已，很低，但代工製造總金額很大。

- 毛利率只是毛的利潤而已，並不是真正的獲利利潤。

（三）費用率＝營業費用／營業收入

- 費用率不同於成本率，成本率是指產品的製造成本而言，而費用率則是指成本以外的總公司費用。包括：董事長、總經理、管理幕僚人員及研發人員的薪水，以及公司辦公室的租金、廣告宣傳費、業務人員薪水及獎金、水電費、公關費、雜費、勞健保費、退休金提撥費……等等，均屬於營業費用。

- 營業費用率當然也要力求控制及降低。

（四）營業獲利率＝營業獲利額／營業收入額

- 營業獲利率是指公司營業毛利率再減掉營業費用率之後，就會得到真正的獲利率了。就是公司真正在本業上的獲利額或獲利率。

- 一般營業獲利率的平均水準，是在5％～15％之間是合理的利潤。但也有很高的，像台積電公司獲利率就高達40％之高；歐洲名牌精品公司則更高達45％之高。

（五）稅前獲利率＝稅前獲利額／營業收入

- 營業獲利額再加減營業外收支之後，就是稅前獲利額了，也是公司每個月真正賺到的獲利額了。

三、公司虧損的原因分析

從每月損益表來看，一家公司所以會虧損不賺錢，主要有五大原因，如下圖所示：

圖20-3　從損益表上看公司虧損的原因

1. 營業收入偏低、不足。（銷售不佳、行銷不佳、產品力不佳）

2. 營業成本偏高。（製造成本偏高）

3. 毛利率偏低。（即價格偏低、毛利率賺太少）

4. 營業費用率偏高。（總公司營業費用花費偏高）

5. 營業外支出偏高。（即借款利息太高，轉投資經營虧損、匯率損失太大）

四、損益表比較分析

每月損益表比較分析是指二個方向：一是與自己公司比較；二是與競爭對手公司比較。

（一）與自己公司比較損益表

包括：

1. 跟去年同期比較：看看今年是否比去年同期的損益更好或更差。

2. 跟今年預算比較：看看今年實際數字與預算數字比較，是否有達成預算數字目標，還是沒有達成。

總之，與自己公司比較損益表數字，才知道自己公司的損益表績效是否有進步？是否比去年同期更好？也才知道自己公司是否須更加努力？

（二）與競爭對手比較損益表

我們也要跟主力競爭對手比較損益表，才知道彼此在營收額、營收成長率、成本率、毛利率、獲利率、獲利額的比較狀況，以及我們是輸給對手或勝過對手？

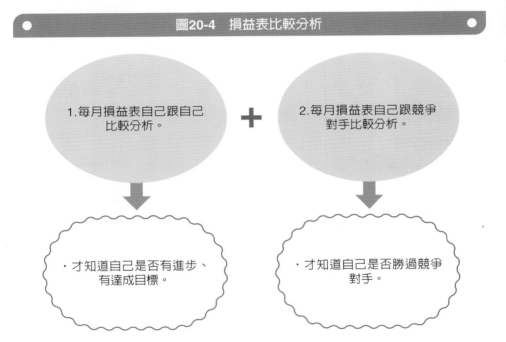

圖20-4　損益表比較分析

1.每月損益表自己跟自己比較分析。

+

2.每月損益表自己跟競爭對手比較分析。

・才知道自己是否有進步、有達成目標。

・才知道自己是否勝過競爭對手。

新光三越總經理　吳昕陽

一、經營管理智慧金句

1. 百貨業正面臨成長瓶頸，以新光三越為例，近三年營收成長率都難跨越1%，非得轉型找新出路不可。
2. 新光三越不是一家百貨公司，而是Living Center（生活平台）。
3. 我們跨入高雄outlet，是想解決新光三越客層老化，無法抓住年輕人的困境。

二、圖示

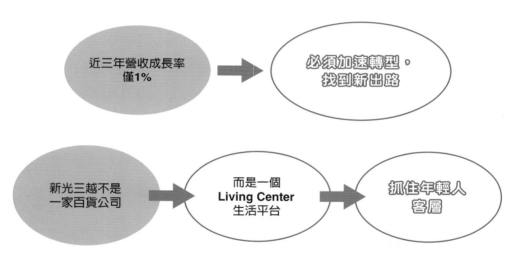

Chapter 21

中長期戰略規劃
（超前布局）
（10年布局計劃）

中長期戰略規劃（超前布局）（10年布局計劃）

一、中長期戰略規劃的意義及功能

　　所謂企業或集團的中長期戰略規劃，即是指企業或集團為未來3～5年，甚至5～10年的經營策略、經營版圖及經營發展，預做準備及超前布局。

　　其目的與功能，主要有二點：

　　（一）為找出未來3～5年或5～10年的第二條、第三條成長曲線，以保持企業在營收及獲利的持續性成長，與事業版圖的持續性擴張。

　　（二）為維持企業未來長期性股價及企業總市值的不墜，以支持企業價值。

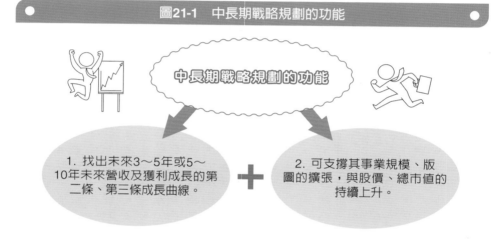

圖21-1　中長期戰略規劃的功能

二、中長期戰略規劃的案例

案例1

　　台積電公司制訂2021年～2030年的中長期全球戰略布局，計劃在台灣四地、中國南京、日本熊本、美國亞利桑納州及德國等國家地區做好布局，並計劃未來十年增設5座先進製造工廠，以供應全球急需的晶片半導體。

案例2

　　遠東集團策訂未來2021～2030年在台灣的事業版圖擴張計劃，包括零售業、紡織、船運、大飯店。

案例3

全聯超市策訂到2028年的未來五年超市擴張計劃，目標為門市店數擴大從1,200店成長到1,500店；年營收從1,700億成長到2,000億的前瞻目標與戰略規劃。

圖21-2 台積電2021～2030年中長期戰略規劃

全球化五大據點	➡	台灣、中國、美國、日本、德國等地布置先進晶片工廠。
十年後營收目標	➡	從2兆元台幣，擴張成長到2.5兆元目標。
工廠數擴張	➡	未來十年再擴建5座晶片工廠，才夠世界訂單需求。

三、中長期戰略規劃的領域

一家企業或集團的中長期戰略規劃，其領域可包括下列六大領域：

圖21-3 中長期戰略規劃六大領域

1. 中長期技術發展戰略規劃

2. 中長期公司及集團的事業範疇戰略規劃

3. 中長期公司的重點、核心事業及核心產品戰略規劃

4. 中長期公司及集團的地理範疇及全球化布局戰略規劃

5. 中長期公司及集團的財務成長目標戰略規劃

6. 中長期公司及人才的高科技人才發展戰略規劃

四、中長期戰略發展的三種執行手段

為實踐中長期發展戰略目標的達成，主要有三種實務上可行的執行手段，包括：

（一）國內外併購／收購手段

透過國內或國外併購／收購的手段，確實有助於中長期企業戰略發展目標的達成。例如：國內第一大超市全聯，就是透過收購國內中小型超市，而迅速成長擴張的。另外，鴻海集團也是經常以收購手段，而不斷擴張成長的。

（二）自我投資成長手段

不少廠商都是透過自我投資而追求成長擴張的；例如：台積電公司都是利用自己力量，100%尋求自我投資成長的，包括台積電在台灣、中國南京、日本、美國及德國設廠，都是依賴自己的力量。

另外像捷安特自行車、鴻海全球代工廠、聚陽全球成衣代工廠、統一企業在中國成立四十多家工廠等，均是屬於靠自我資金，自我人才投入而持續成長擴張的。

（三）與外部盟友戰略合資及合作手段

例如：鴻海集團與裕隆汽車公司及週邊零組件廠商，合組電動汽車聯盟，製造出國產第一部電動車。

圖21-4　中長期戰略發展的三種執行手段

Chapter **22**

七大財務績效指標

七大財務績效指標

一、什麼是七大財務績效指標？

企業每個月、每季、每半年、每年所要看的最主要財務績效或經營績效，計有七大項，如下：

（一）營收（高營收及其成長率）

（二）毛利率（高毛利率）

（三）獲利（高獲利及其成長率）

（四）EPS（高EPS及其成長率）（EPS即指每股盈餘，Earnings Per Share）

（五）股價（高股價）

（六）企業總市值（高企業總市值）

（七）ROE（高ROE）（ROE即指股東權益報酬率）

上述七大經營績效指標裡，又以營收及獲利二者最為核心及重要，因為，這二者又會影響其他五項指標的好壞。

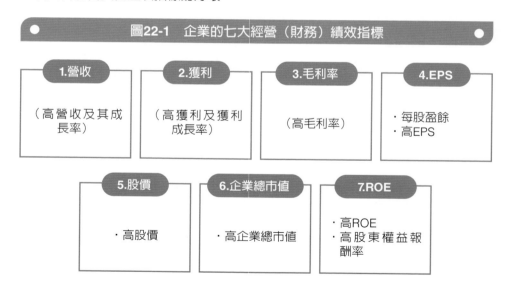

圖22-1 企業的七大經營（財務）績效指標

1.營收	2.獲利	3.毛利率	4.EPS
（高營收及其成長率）	（高獲利及獲利成長率）	（高毛利率）	・每股盈餘 ・高EPS

5.股價	6.企業總市值	7.ROE
・高股價	・高企業總市值	・高ROE ・高股東權益報酬率

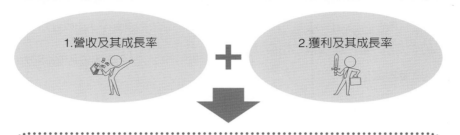

圖22-2　營收與獲利是最重要二項經營績效指標

1.營收及其成長率　＋　2.獲利及其成長率

- 企業經營績效好壞的最核心二個指標！
- 唯有企業的營收及獲利能夠好看及不斷成長，才會是卓越成功的特優企業！

二、影響七大經營績效指標的十一項要素

總結來看，影響企業最終的七大經營績效，有非常廣泛的十一項要素，如下述：

（一）人才團隊

企業什麼事情，都是人才團隊做出來的，打造出一個優良的人才團隊，就能夠創造出好的企業經營績效出來。

台積電、大立光、聯發科、聯電等高科技公司，或是像統一超商、全聯超市、寶雅、家樂福、Costco、麥當勞、星巴克、統一企業、鴻海、momo、和泰汽車、Panasonic、Sony等優良公司，都有很好的人才團隊，才會有很好的經營績效出來。

（二）技術領先

高科技公司決勝負的核心點，就在於研發技術是否保持領先、保持創新、升級及不斷突破成功，能夠取得技術領先，就能夠保持好的經營績效出來，所以，對高科技公司而言，擁有優良技術人才是很重要之事。

（三）新產品開發

不管是高科技公司或傳統產業，新產品能夠一棒接一棒的開發出來，並且都

能夠成功上市暢銷成功，就能創造出高的財務績效出來。

例如：Apple美國蘋果公司15年來，開發出ipod（數位隨身聽）、iPhone（4G/5G手機）、ipad（電腦）、Apple watch等成功新產品，Apple的十多年來財務報表都很好看，績效數字也很漂亮。

（四）規模經濟化

當生產規模經濟化、門市店規模經濟化時，企業就能獲得較低成本的競爭力及競爭優勢，以及獲得市場占有率較高的競爭優勢，然後，其經營績效數字就會比較好看。

例如：統一超商7-11擁有6,800家門市店、全聯超市有1,200家連鎖店、寶雅有350家門市店、屈臣氏有550家連鎖店、麥當勞有400家連鎖店、鴻海中國工廠為美國iPhone代工，每年組裝量高達一億支以上……等等，都是在產銷規模上擁有規模經濟化的競爭優勢，故這些公司的財務績效也必然是很好看的。

（五）品牌力打造

品牌力是成功銷售出去重要原因之一，因此，有好的、強大的品牌力，也必然能夠享有好的財務績效。

能夠成功打造出品牌力，即能夠享有：高的品牌知名度、好感度、信賴度、指名度、忠誠度及黏著度；這些好的品牌資產最終都會對產品行銷成功及好的財務績效數字，帶來很顯著助益。

（六）高回購率

企業若能營造出一批忠誠者顧客、老會員，他們能夠經常回購我們的產品，這就穩固了我們公司每年的營收額及獲利額，這也必然帶來穩固的財務績效。

所以，老顧客、忠誠會員對企業的經營，是很重要之事。例如：momo網購、SOGO百貨、Costco量販、家樂福量販、新光三越百貨、瓦城餐飲、王品餐飲、漢來美食、寶雅美妝、蘭蔻／SK-II化粧保養品等，都是由老顧客、老會員所創造出來的業績。

（七）經濟／景氣

就外部環境來說，影響一家企業經營績效最大因素，就是經濟景氣的變化了。

國內外經濟景氣一片大好，那企業的經營績效就會很好，經濟景氣不好，企業經營績效就會不好。

例如：2020年～2021年全球新冠疫情期間，國內的航空業、五星級大飯店業、旅行社、民宿業、計程車業、遊覽車業、餐廳業、觀光業……等不少行業都受疫情影響，而使業績衰退很大，經營績效也就跟著不好了。

（八）抓住趨勢與新商機

企業如果能夠適時與快速的抓住每一波環境變化所帶來的趨勢及新商機，必可為企業的經營績效帶來好的結果。

例如：網購趨勢、外送趨勢、變頻家電省電趨勢、老年化保健食品趨勢、電動機車／電動汽車趨勢、平價商品趨勢、單身人口趨勢……等。

（九）策略及方向正確

企業在每階段的發展策略及營運方向都能正確的話，也能為企業帶來好績效。

例如：全聯超市一直以加速展店為策略與方向，終於成為今天第一大連鎖超市；台積電一直以尖端研發技術領先為策略方向，終於成為全球第一大先進晶片製造大廠。

（十）以顧客為核心

企業在經營與行銷上，必須以顧客為核心，堅持顧客至上，顧客第一，始終走在顧客前面，快速滿足顧客需求與期待，為顧客創造更多價值、更多滿意，與更美好生活；如此長期做下去，也必會有很好的經營績效。

（十一）強大執行力

最後，企業全體員工必須養成具有高度效率導向的強大執行力；全員若能對公司任何大小事情及任何目標／目的／任務，都能堅持快速執行、正確執行、貫徹執行，那麼企業運作就能順利成功，企業也就能有績效出來。

例如：鴻海公司的郭台銘創辦人就是以強大執行力出名，而執行力三個字也成為鴻海的企業文化象徵。

圖22-3 影響企業經營績效良好的十一項要素

1.
優質人才團隊。

2.
保持技術領先。

3.
不斷開發新產品。

4.
達到規模經濟化。

5.
全力打造品牌力。

6.
高回購率。

7.
經濟影響變化。

8.
抓住趨勢與
新商機。

9.
確保發展策略及
方向正確。

10.
堅持以顧客為核
心，顧客第一、顧
客至上。

11.
全員養成強大執行
力的特色。

Chapter **23**

外部環境分析與抓住趨勢變化／抓住新商機

一　近十多年來的新趨勢變化及新商機

二　外部環境變化的種類

三　掌握環境變化如何作法

一、近十多年來的新趨勢變化及新商機

近十多年來，外部環境變化產生了很多的新趨勢變化及新商機，如下：

（一）智慧型手機

十五年前，美國Apple蘋果公司推出第一款智慧型手機，轟動全球，改變了全人類無線通訊的世紀革命，帶給全人類更美好生活，也帶給Apple公司更賺錢的新商機。

（二）電動汽機車

近五年來，電動機車及電動汽車蓬勃發展，美國特斯拉（Tesla）電動汽車及中國比亞迪，均有很好發展。

（三）電商網購

近十年來，全球及台灣電商網購快速發展，取代了一部分的實體零售店內購買；例如momo網購、PCHome、蝦皮網購均成為網購新時代的新商機掌控者。

（四）餐飲連鎖

近十年來，國內餐廳快速成長，冒出來很多成功的經營業者，例如：王品、瓦城、豆府、築間、漢來美食、欣葉、饗賓、王座、三商……等知名餐廳，各供台式、日式、中式、西式、義式、韓式等多種不同口味好吃的餐廳新商機。

（五）便利商店大店化

近五年來，便利商店連鎖店也出現大店化／餐桌化的大改變，為便利商店帶來更多鮮食便當及咖啡外帶的新商機。

（六）家電省電化

由於變頻家電的技術突破，使得冷氣機、電冰箱都朝變頻省電化方向走，也帶來新一波的家電新商機。

（七）手遊

由於宅經濟發展配合智慧型手機發展，手遊（手機遊戲）新商機也顯現出來，一些年輕人喜歡上手遊娛樂。

（八）美食外送

近三年來，foodpanda、Uber Eats二家提貨美食外送／快送的服務業者快速崛起，搶占了這些新商機，也方便不少消費者。

（九）outlet

近五年來，大型outlet購物中心崛起，形成百貨公司的競爭對手；例如三井林口outlet、桃園華泰outlet、台中三井outlet等。

（十）美妝／生活百貨店

最新出現的寶雅美妝／生活百貨店，以差別化屈臣氏、康是美的店型，亦成功抓住此領域新商機；寶雅也順利上市成功，並有高股價表現。

（十一）晶片半導體

近一、二年全球晶片半導體供不應求，台積電、韓國三星、台灣聯電都成為當紅炸子雞，營收及獲利都大幅成長，股價也上升不少，帶來晶片半導體全球新商機。

（十二）LINE通訊

近十多年來，LINE無線通訊的出現，大大改變消費者的生活及工作，尤其，每個人都在手機LINE溝通，方便消費者，使每個消費者人人手機不離手，也帶動LINE不少新商機。

（十三）FB／IG／YT社群媒體

近十多年來，每個人幾乎都已被FB、IG、YT的三大社群媒體所黏住，這也帶來不少的社群廣告及數位廣告的賺錢新商機，甚至大大影響傳統媒體廣告量及難以存活下去。

（十四）茶飲料

最近十多年來，茶飲料已成為飲料業的主流產品，特別是無糖茶飲料也大量推出，形成飲料業新商機。

（十五）手搖飲

最近十多年來，手搖飲連鎖店大量推出，例如：五十嵐、清心福全、珍煮丹、大苑子、日出茶太……等諸多品牌大力搶攻手搖飲市場。

（十六）超市連鎖

　　二十年來，國內第一大超市全聯福利中心，加速展店到1,200家之多，到處可看到全聯超市的招牌，全聯亦抓住了超市連鎖經營新商機。

圖23-1　近十多年新趨勢／新商機崛起

1.智慧型手機	2.電動汽車、電動機車	3.電商網購	4.餐飲連鎖
5.便利商店大店化	6.家電省電化	7.手遊	8.美食快送
9.outlet購物中心	10.美妝／生活百貨店	11.晶片半導體	12.LINE通訊
13.FB、IG、YT社群媒體	14.茶飲料	15.手搖飲	16.超市連鎖

二、外部環境變化的種類

　　外部環境變化大致可區分為18種環境變化，如下：

圖23-2　外部環境的18種環境變化

1.科技環境變化	2.經濟景氣變化	3.少子化環境變化	4.老年化環境變化
5.環保要求環境變化	6.社會文化環境變化	7.單身／單親環境變化	8.宅經濟環境變化
9.政治環境變化	10.物流快速環境變化	11.產業環境變化	12.競爭環境變化
13.外食需求環境變化	14.外送／外帶環境變化	15.旅遊風潮環境變化	16.庶民經濟環境變化
	17.OTT串流影音環境變化	18.FB、IG、YT社群媒體環境變化	

三、掌握環境變化如何作法

　　企業到底如何才能夠抓住並掌握住外部環境變化，對該企業所帶來的商機或威脅？一般中大型企業均會有如此作法：

（一）成立專責小組及成員

　　大型企業會成立跨部門的專責小組或專責委員會，由專責成員負責此方面的事情。任何事情的推動，必須要有專責單位及專責人員推動，才會成功，否則會沒有人主動積極負責。

（二）定期開會討論

　　此專責小組組成委員會，必須規定每個月或機動成員召開小組會議，提出報告專題，並進行討論及決議。

圖23-3　掌握環境變化如何作法

1.成立專責小組及專責成員負責。　　**＋**　　2.定期開會或機動開會討論及決議。

城邦媒體集團首席執行長　何飛鵬

一、經營管理智慧金句

　　好主管，只要做到兩件事；第一件事，是帶好團隊，第二件事，是完成公司交付的任務。簡言之，主管就是要帶領團隊，完成任務；要動員所有團隊的成員，同心協力，高效率的完成任務，這就是好主管。

二、圖示

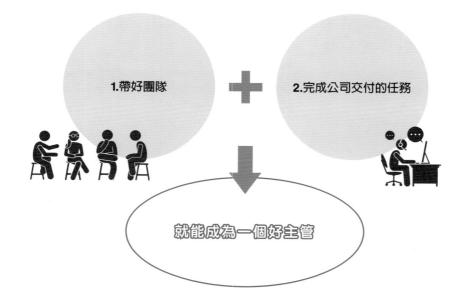

Chapter 24

提高心占率與市占率，
打造品牌資產價值

提高心占率與市占率，打造品牌資產價值

一、什麼是「心占率」？

所謂心占率（mind share），就是消費者心裡面、腦海裡、面對某種產品需求時，她會想起那些品牌的優先排名。

例如：

肚子餓，想買一份西式速食來吃時，你會想到去麥當勞，或摩斯或肯德基或Subway？

例如：

休閒時，你想去看電影時，你會去威秀電影院、或秀泰、或國賓電影院？

例如：

你想買一部進口車時，你心裡面的優先品牌，是BMW、BENZ、VOLVO、Audi、VW、Lexus、Tesla？

例如：

你想買滴雞精給住院的友人，你會想到：白蘭氏、桂格、娘家、老協珍、享食尚？

二、什麼是「市占率」？

市占率（market share），就是指某類品牌在市場上的實際銷售量／銷售額的占有率有多少。

例如：

（一）電視台前三名市占率：

　　　三立、東森、TVBS。

（二）機車前三名：

　　　三陽、光陽、山葉。

（三）高價車前三名

　　　賓士、BMW、Lexus。

（四）手機前三名

iPhone、三星、OPPO。

（五）冷氣機前三名

日立、大金、Panasonic。

（六）筆電前二名

ASUS、Acer。

（七）牙膏前二名

好來、高露潔。

圖24-1 心占率與市占率

1.心占率		2.市占率
消費者心裡面，對某個品牌的優先排名選擇。		消費者實際在市場購買的品牌選擇。

三、什麼是「品牌資產價值」？

所謂品牌資產價值，就是指這一個品牌在消費者心目中，是否擁有：

➤ 高品牌知名度

➤ 高品牌好感度

➤ 高品牌信賴度

➤ 高品牌忠誠度

➤ 高品牌指名度

➤ 高品牌情感度

➤ 高品牌黏著度

這些品牌資產愈高，其品牌價值就愈高、愈多。

● 圖24-2　下列這些國內或全球知名品牌，就是享有高的品牌資產價值： ●

全球知名品牌	國內知名品牌
・iPhone	・統一企業
・LV	・統一超商
・Hermes	・中華電信
・Chanel	・TVBS電視台
・BMW	・好來牙膏
・BENZ	・麥當勞
・ROLEX	・NET服飾
・Panasonic	・白蘭洗衣精
・Sony	・桂格
・SK-II	・威秀電影院
・Sisley	・克寧奶粉
・Uniqlo	・三立電視台
・星巴克	・光陽機車
・TOYOTA汽車	・SOGO百貨
	・全聯超市

四、如何打造及維繫品牌資產價值？

　　到底企業應如何才能打造出或維繫住高的品牌資產價值呢？主要有下列十大作法：

　　（一）既有產品必須能夠持續改良、改善、升級。例如：iPhone1～iPhone16，每年都改款它的產品更加完美。

　　（二）要定期開發出受市場歡迎的新產品、新品牌。

　　（三）要長期十年、二十年、三十年投入各式媒體的廣告宣傳支出，以保持優異的品牌形象。

　　（四）要保持經常性、有正面性的媒體報導及露出，以保持品牌的新鮮度。

　　（五）要成功的推出電視廣告代言人，以保持品牌的吸引人注目度。

　　（六）要保持好的售後服務，讓消費者有高度顧客滿意度。

　　（七）要做好FB及IG社群的粉絲團經營及照顧，以培養出愈來愈多的鐵粉支

持本公司，支持本品牌。

（八）要有高的顧客滿意度，不管是產品面、服務面、通路面、促銷優惠面、定價面等，全方位做到顧客的好感度及滿意度。

（九）要享有社群媒體上，對本公司、本品牌有正面的評價及正面口碑，以有效傳播出去。

（十）要做到實體及虛擬通路上架陳列，讓消費者看得到及方便性。

圖24-3　如何打造及維繫住品牌資產價值

1
既有產品必須能夠持續改良、精進、升級。

2
定期開發受歡迎的新產品。

3
長期投入媒體廣告宣傳支出。

4
保持媒體正面報導及露出。

5
成功推出藝人代言人行銷，以引起注目度。

6
保持好的售後服務。

7
要有高的顧客滿意度。

8
做好FB、IG社群粉絲團經營，以養出更多鐵粉。

9
享有社群媒體上面的正評。

10
要做到O2O、OMO虛擬及實體通路上架陳列。

麥味登早餐連鎖店執行長　卓靖倫

一、經營管理智慧金句

1. 決定透過產品定量及統一設備，讓八百多家店的口味品質一致。

2. 問題不會出現在總部，都出現在門市，後勤單位的工作重點只有一個，就是解決門市的問題。

3. 我每天待在門市店時間，比待在總部時間多；我一天跑3～5家門市，一年至少能跑300家門市。跑門市可以發現問題，以及加強加盟主的認同感。

二、圖示

讓全台800家早餐門市店
口味品質一致性

Chapter 25

團隊決策

團隊決策

一、什麼是團隊決策？

所謂團隊決策（Group Decision）就是指：非老闆一人決策，也非董事長一人決策。而是指公司經營與管理上的重大決策、重大策略及重大方向，均應由公司相關的一級主管（副總經理級以上）所組成的團隊來討論、溝通及表達看法與觀點後，最後，再由董事長或總經理下最後的決策及決定。

圖25-1　什麼是團隊決策

一人決策

由董事長或老闆一人獨斷、獨裁決定，大家均無討論餘地。

V.S

團隊決策

由公司一級主管所組成的團隊，共同討論及陳述，最後，再由董事長依團隊意見，做最後決定。

二、團隊決策的優點有哪些？

團隊決策是現代企業的一個主流管理趨勢，比老闆一人獨斷決策要好很多，因為團隊決策具備下列優點：

（一）避免一人決策盲點

團隊決策，能夠融合各部門一級主管意見、看法與觀點，避免一人決策的盲點及錯誤發生。

（二）使一級主管有參與決策成就感

能夠讓決策核心團隊成員表達意見及觀點，表示每個決策成員都受到公司重視，使他們有成就感及參與感。

（三）減少錯誤決策損失

一人決策一旦有錯誤，將使公司產生巨大損失，而團隊決策模式，可使決策錯誤降到最低。

（四）可以形成良好組織文化

團隊決策模式，可以避免老闆一言堂，而且可以形成良好的組織文化，大家都有機會參與公司重要決策，組織的向心力也可以提高。

（五）訓練各一級主管

團隊決策模式，可以訓練及養成各位一級主管的獨立性思考及判斷能力，有助於拉升各一級主管未來晉升更高階主管下決策之能力。

（六）儲備接班人才

從一級主管討論中，亦可以發覺哪些具有高升為總經理、執行長、董事長的優秀經營人才，加以儲備晉用。

圖25-2　團隊決策的優點

1 可避免老闆一人決策盲點。	2 可使一級主管有參與決策之成就感。	3 可減少錯誤決策之損失。
4 可以形成良好的組織文化、提高向心力。	5 可訓練一級主管的思考力及判斷力。	6 可儲備高階接班人才。

三、有哪些事，列入團隊決策？

企業究竟有哪些重要事，可以列入團隊決策，包括下面圖示各項：

1.國內重大投資建廠事宜。	2.海外重大投資建廠事宜。	3.國內外重大併購／收購事宜。
4.公司未來中長期事業發展戰略規劃。	5.未來中長期技術與研發方向評估。	6.國內現有重大營運決策事宜。
7.國內上市櫃及財務決策事宜。	8.全球化產、銷、研布局決策事宜。	9.各部門一、二級主管接班人事宜。

大瓏企業董事長　劉惠珍

一、經營管理智慧金句

1. 專注提升技術和品質，客戶就會自己來敲門。

2. 我們是規規矩矩做事，專注品質，也關注市場變化。也實現了成為世界級醫療器材供應商的願景。

3. 企業要規規矩矩做事，而且要誠信正直。

二、圖示

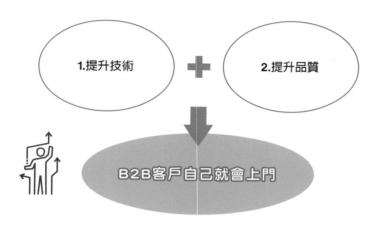

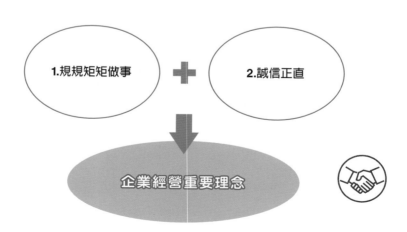

Chapter **26**

專業人才＋經營人才

專業人才＋經營人才

一、什麼是專業人才？

企業組織中，在各部門學有專長的人，就是各種專業人才。各種專業人才，發揮他們的專業為公司奉獻，為公司賺錢。

不同產業、不同行業，都有不同的專業人才，這些人才的專業名稱，包括如下圖示：

圖26-1　十八種專業人才

1 研發／技術專業	**2** 設計專業	**3** 採購專業
4 生產／製造專業	**5** 品管專業	**6** 物流專業
7 業務專業	**8** 行銷專業	**9** 客服中心專業
10 財會專業	**11** 人資專業	**12** 資訊專業
13 企劃專業	**14** 稽核專業	**15** 法務專業
16 總務專業	**17** 會員經營專業	**18** 公關專業

二、什麼是高階經營人才？

　　上述專業人才，是在某一個領域的專業人才，但經營人才，則是一個通才，什麼都要懂一些的人才，其特質如下：

圖26-2　高階經營人才的九種特質

1. 能為公司賺錢的人才。

2. 能為公司開拓新事業的人才。

3. 能為公司開拓新市場的人才。

4. 能為公司朝向集團化發展的人才。

5. 能為公司帶動長期成長的人才。

6. 能為公司永續經營的人才。

7. 能把公司帶入市占率前三名的人才。

8. 能為公司創造更高股價、更高企業總市值的人才。

9. 能把公司帶向全球化布局經營的人才。

　　總之，企業中優秀的「高階經營人才」，絕大部分是指下列五種高階職稱：

圖26-3　五種高階經營人才

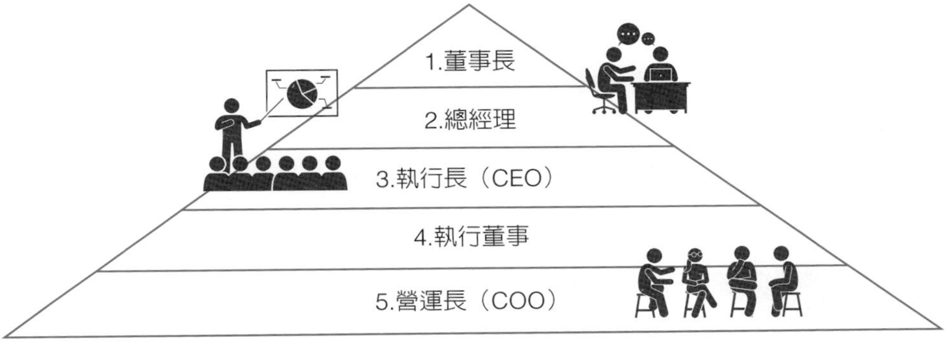

1. 董事長
2. 總經理
3. 執行長（CEO）
4. 執行董事
5. 營運長（COO）

三、如何培養難覓的高階經營人才？

各種專業人才很多，很容易培養，但是高階經營人才就不容易找，也不容易培養。

實務上來說，要培養高階經營人才，主要有以下幾種方法：

（一）先找出具有潛力的經營人才

第一步，就是先找出各專業部門中，具有發展潛力的經營人才型員工，形成一個「儲備經營人才庫」，這些人才，可能來自各專業部門的一級、二級主管人才，形成一個未來可能接班的儲備人才庫。

（二）加以培訓歷練及考核

接著，針對這些儲備接班人才，加以培訓、上課及職務歷練、經營歷練；讓他們養成各自專長以外的經營面知識、觀念與實戰經驗。

（三）將中小型公司交給他們

接著，將集團中，比較中小型公司的總經理職稱交給他們去負責，看看他們是否能擔當起中小型公司的經營任務及賺錢任務。

（四）再將中大型公司交給他們

最後，如果中小型公司負責成功，績效很好，可成為大才，此時，就將集團中的中大型公司交給他們承擔負責。

圖26-4　如何培養高階經營人才

```
1.先找出具有潛力的經營人才，成立高階接班人儲備小組。
                    ↓
2.加以培訓、歷練及考核。
                    ↓
3.將中小型公司交給他們經營。
                    ↓
4.最後，再將中大型公司交給他們經營。
```

Chapter 27

不斷修正策略與作法，
直到有效、成功

不斷修正策略與作法，直到有效、成功

一、策略與作法，不會一次就成功──案例

在實務上，很多的策略與作法不會一次就到位，也不會一次就成功，而是要經過很多次的修正、調整、改變、改善、改良、升級及創新才會成功的。因此，一定要有耐心，要有信心去堅持。下面舉一些案例說明：

案例1　7-11

統一超商7-11於1985年，剛推出「現煮研磨咖啡」時，是用人工的方式，但是失敗；直到2007年，改用自動化設備，加上找藝人桂綸鎂代言廣告，以CITY CAFE 為品牌定位，並喊出「整個城市都是我的咖啡館」，才整個翻轉而成功，至2024年統計，每年銷售3.0億杯，創造年營收約120億元及獲利20億元。

案例2　Gogoro電動機車

Gogoro電動機車是第一個率先推出電動機車，但當時品質及功能都不算好，每部定價十萬元也太高，銷售不佳，持續虧錢；後來，在品質及功能不斷調整加強，再加上定價降到每部六、七萬元之後，才慢慢成功。

案例3　iPhone手機

美國Apple iPhone手機，於2007年推出第一代智慧型手機後，改變了全世界；後來，iPhone智慧型手機每年推出新款型，到2024年從iPhone1到iPhone16，已有16代的iPhone手機。

案例4　便利商店

近五年來，便利商店有了很大改變，如：大店化、餐桌化、網購店取、鮮食便當、關東煮等，經過不斷的修正及改良，這些新產品、新模式、新服務終於成功，為便利商店經營帶來更好的績效結果。

案例5　百貨公司餐飲化

近五年來，百貨公司也面臨很大改變，就是餐飲化大幅增加空間坪數，如今，餐飲已成為百貨公司營收額占第一名的業種；百貨公司也是不斷的調整及改變、改裝的成果。

　　美國第一個電動車Tesla品牌，剛開始出來時，品質及安全性也不是100%完美，但經過五年來不斷改良、改善、增強，到現在已成為全球最好的電動車了，使得其他各大傳統汽車廠，也都紛紛推出電動車款型。

圖27-1　策略及作法，不斷調整、改良、改善之案例

| 1.7-11 CITY CAFE | 2. Gogoro電動機車 | 3.iPhone手機 |
| 4.便利商店（大店化、餐桌化、鮮食便當、網購店取） | 5.百貨公司餐飲化 | 6.Tesla特斯拉電動汽車 |

圖27-2　策略及作法不會一次到位、成功

策略及作法 →

・不會一次到位及成功的！
・要經歷過不斷改良、改善、改變、改革及創新，才會成功！
・要有耐心及毅力，等待成功！

二、不斷修正、改良的十三種對象

　　至於，不斷修正及改良的十三種對象，如下：

1. 新產品	2. 新服務	3. 新菜單	4. 新店型
5. 新操作方式	6. 新方向	7. 新模式	8. 新作法
9. 新策略	10. 新配方	11. 新口味	12. 新包裝
13. 新設計			

玉晶光電公司董事長　陳天慶

一、經營管理智慧金句

1. 專心專注在研發上，提升基本功，滿足市場規格，好好把品質做好。

2. 任何行業都有新的競爭者會加入，我們能做的，就是提升技術及良率。

3. 未來成長動能來自於提升不同客戶供應鏈中的市占率，增加更多元的產品組合。

二、圖示

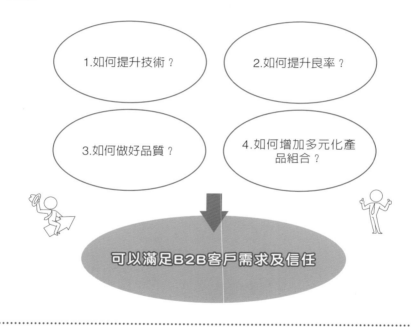

1. 如何提升技術？

2. 如何提升良率？

3. 如何做好品質？

4. 如何增加多元化產品組合？

可以滿足B2B客戶需求及信任

專心專注在研發上。
滿足市場規格

Chapter 28

否定現狀，不斷改革

一 否定現狀，不斷改革的案例

二 從哪裡否定現狀，不斷改革起？

否定現狀，不斷改革

一、否定現狀，不斷改革的案例

企業要長期保持領先及保有競爭優勢，就必須不斷改革、革新，才有明天，才有未來。

茲列舉如下：

（一）新光三越百貨

不斷增加餐飲專區、專樓、努力改變百貨公司的樣態，更符合顧客的需求，結果順利存活下來。

（二）iPhone手機

每年推出改良款，在手機造型、功能、色彩、設計上，加以改變、改革，始終得到果粉的喜愛及購買。

（三）家樂福

推出自有品牌，以低價、平價、好品質供應給庶民大眾，得到好評。

（四）和泰TOYOTA汽車

推出高價位、中價位、平價位的各款型汽車，滿足不同所得者的能力及需求，此種不斷改革的精神，也使TOYOTA汽車成為國內及全球第一品牌。

（五）7-11、全家

網購店取的新服務，有實質需求性，現在每個門市店都開闢一個大型鐵櫃，裡面放的都是網購商品。便利商店不斷否定現狀、不斷改革，使便利商店的業績持續成長，門市店愈開愈多。從咖啡、ATM自動櫃員機、賣票機、鮮食便當、關東煮、大店化、餐桌化……等均是。

（六）全聯超市

全聯第一大超市，從賣乾貨→賣生鮮→賣麵包→加速展店（1,200店以上）等措施，都是否定現狀，不斷改革的好例子。

（七）日立、大金冷氣機

日立、大金冷氣機推動省電式的變頻冷氣機，受到歡迎，也是在技術上追求改革的好例子。

（八）優衣庫（Uniqlo）

優衣庫推出第二品牌GU，以更低價位滿足學生及年輕族群，也是否定現狀，不斷改革，滿足顧客需求。

（九）君悅、寒舍艾美自助餐

國內五星級大飯店君悅及寒舍艾美的自助餐，不斷增加菜色及等級，也是不滿足於現狀，持續改革，受到歡迎。

圖28-1　否定現狀，不斷改革的好案例

1　新光三越百貨餐飲專區。

2　iPhone手機每年改新款。

3　家樂福推出低價自有品牌。

4　TOYOTA汽車推出高、中、低價位車型。

5　便利商店網購店取服務。

6　全聯超市賣乾貨、生鮮、麵包的革新。

7　大金、日立推出省電變頻冷氣機。

8　優衣庫推出GU低價第二品牌。

9　君悅、寒舍艾美推出菜色豐富自助餐。

二、從哪裡否定現狀，不斷改革起？

企業究竟要從哪裡否定現狀及不斷改革起呢？主要有如下十三種方向：

圖28-2　否定現狀不斷改革13個方向

1　從既有產品改革起。

2　從既有經營模式改革起。

3　從既有包裝及設計改革起。

4　從既有通路陳列改革起。

5　從既有技術、功能、耐用改革起。

6　從既有品質水準改革起。

7　從既有售後服務改革起。

8　從既有門市店服務改革起。

9　從既有廣告宣傳改革起。

10　從既有物流配送速度改革起。

11　從既有老式製造設備改革起。

12　從既有第一線服務人力素質改革起。

13　從既有專櫃裝潢改革起。

Chapter **29**

要強化長期觀點

要強化長期觀點

一、Amazon亞馬遜的長期觀點論

全球第一大網購公司亞馬遜（Amazon），其董事長貝佐斯，從創業30多年來，一直強調企業的任何決策，都是要從至少七年以上的長期觀點來看待；他說很少有競爭對手會從長期觀點看，都是從短期觀點著手，因此，沒有競爭對手會超越亞馬遜公司。

圖29-1　亞馬遜凡事從長期觀點看待

亞馬遜任何投資事宜　→
・都是從七年以上的長期觀點看！
・即使七年內不賺錢，仍要投資下去！

二、短期觀點與長期觀點應並重

短期觀點是比較偏重一年內，即今年內要做的事情，以及要達成的營收及獲利目標。這並沒有錯，因為達不到短期目標，何來長期目標呢？

因此，最好的企業經營觀點，就是短期與長期觀點並重。大約是七比三比例，七成要做現在、當前要做的事情，三成則要做未來的事情。

另外，就重大投資面來看，就必須秉持較長期的觀點，做長遠的布局了。

圖29-2　短期觀點與長期觀點應並重

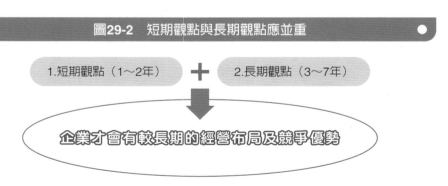

1.短期觀點（1～2年）　＋　2.長期觀點（3～7年）

企業才會有較長期的經營布局及競爭優勢

三、短期及長期觀點並進之案例

（一）台積電：

短期觀點看，台積電仍有做15奈米、10奈米、7奈米的較一般性技術的晶片半導體；但從長期觀點看，台積電也為五年後的3奈米、2奈米及1.4奈米尖端晶片做好研發技術及生產製造的布局。

（二）全聯超市：

短期觀點看，全聯超市要求做好每個店的營收及服務，但長期五年目標，則是要從現在的1,200店門市，擴展到1,500店的目標。

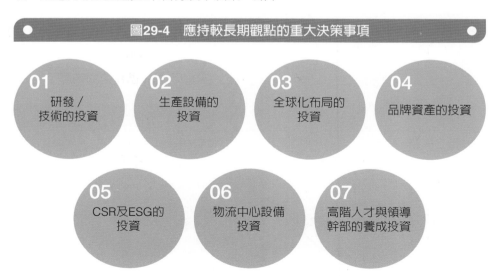

圖29-3　全聯超市短期／長期觀點並進

1.短期觀點
做好每個店現在的經營及營收

╋

2.長期觀點
規劃五年後，達到1,500門市店數的長期目標

四、應持較長期觀點的重大決策事項

企業界針對每天的營運細節及目標，當然是持短期觀點；但對下列圖示事項，則應持較長期觀點來看待及下決策，如下：

圖29-4　應持較長期觀點的重大決策事項

01 研發／技術的投資

02 生產設備的投資

03 全球化布局的投資

04 品牌資產的投資

05 CSR及ESG的投資

06 物流中心設備投資

07 高階人才與領導幹部的養成投資

149

金元福包裝企業執行長　陳郁卉

一、經營管理智慧金句

1. 很多東西我們都是相信它有未來，是做對事情，就做在前面，要等嘗到甜頭再做，會喪失先機。
2. 做高階主管的人，必須懂授權、建制度、找人才。
3. 對客戶，我們非常信守承諾，說到就會做到，客人很放心。
4. 客戶再嚴格的要求，都是成長養分。
5. 當我覺得不足時，就不斷學習。

二、圖示

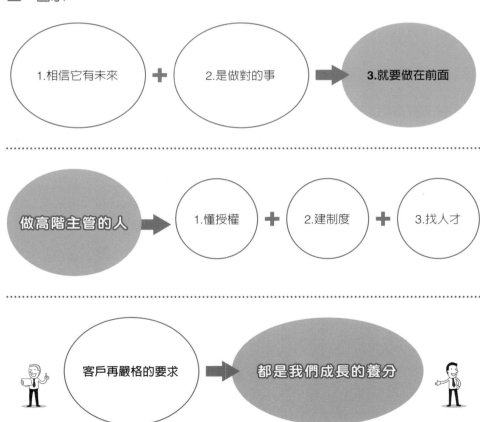

Chapter **30**

VOC：傾聽顧客聲音

VOC：傾聽顧客聲音

一、什麼是VOC？

所謂VOC（Voice of Customer）即是指要用心傾聽顧客心聲，抓住顧客需求及期待，並快速予以滿足、滿意。

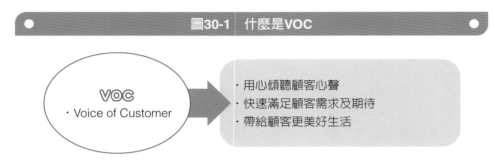

圖30-1	什麼是VOC

VOC
· Voice of Customer

· 用心傾聽顧客心聲
· 快速滿足顧客需求及期待
· 帶給顧客更美好生活

二、哪些企業做到VOC？

有不少企業真正落實VOC，不斷的推陳出新，不斷給顧客新的滿足及滿意，例如：

例1　7-11

推出CITY CAFE、鮮食便當、網購店取、大店化、餐桌化、ibon買票機等諸多滿足顧客潛在需求的各式產品及服務。

例2　麥當勞

推出24小時營業、歡樂送、數位點餐機、新口味漢堡、新裝潢門市店等，都符合顧客需求，用心傾聽顧客心聲。

例3　iPhone手機

蘋果iPhone手機，每年推出改款手機，在設計上、功能上、色彩上給予變化，滿足想要求新求變的一群果粉。

例4　家樂福

家樂福大店內，商品品項達四萬多項，可滿足顧客一站購足的生活與吃的需求。

例5　大樹藥局

大樹藥局為國內最多店的藥局連鎖店，裡面有各式藥品、保健食品、老年人用品、嬰兒用品、營養品等，非常多元，可滿足顧客對這方面的需求。

例6　中華電信

全台成立中華電信直營門市店600家之多，方便顧客就近找中華電信門市店辦理事情，如買手機、維修手機或繳電信月費等，這種服務便利性，就是做到了VOC。

例7　優衣庫

來自日本的優衣庫服飾連鎖，在全台達70店；它提供平價、高品質的國民服飾，也算是實踐了VOC。

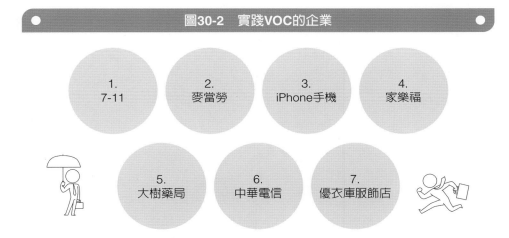

圖30-2　實踐VOC的企業

1. 7-11

2. 麥當勞

3. iPhone手機

4. 家樂福

5. 大樹藥局

6. 中華電信

7. 優衣庫服飾店

三、如何做好VOC？

企業究竟該如何做好VOC呢？有以下作法：

（一）客服中心：

0800客服中心，平常就會有顧客打電話來詢問、抱怨、讚美、建議或表達內心想法／看法，這些都是很寶貴的資料。每週、每月應該將它們好好搜集、記錄、形成報告，然後再轉交給相關部門追辦，以及開會報告執行進度。

（二）第一線人員：

從各直營門市店、各加盟店、各專櫃、各專賣店、各經銷店的店長及店員第一線人員，亦可以搜集到顧客的意見需求或建議，這些都是第一線人員傾聽顧客心聲的好管道來源。公司總部每個月應該召開第一線人員意見表達會議，才能落實VOC。

（三）各縣市經銷商：

公司產品銷售管道，也有不少是透過各縣市代理商或經銷商銷售出去的，可以說經銷商也很了解當地的市場狀況及顧客意見。因此，每月或每季要打一次電話，諮詢這些地方經銷商老闆們的看法與意見，每年一次要舉辦全台經銷商大會討論事情。

（四）焦點座談會：

每半年或每年一次，可舉辦顧客的焦點座談會（稱為FGI, Focus Group Interview），從質化深入討論中，可以聽到顧客內心的想法、看法、需求、意見、建議、感受等，是很好實踐VOC的作法。

（五）問卷調查：

有時候，為求取較多份數的調查數據時，可以採取問卷調查法，以搜集顧客的量化資料。包括：網路e-mail調查法、手機問卷調查法、直接打電話問卷調查法或門市店內問卷調查法等四種方法均屬可行。

這種量化問卷調查法，亦可從各種數字及百分比中，看出顧客的意見、評價、需求、期待、滿意度、正評／負評……等各種重要結果出來。

（六）粉絲專頁：

現在也流行從FB／IG官方粉絲專頁中，提出詢問粉絲的意見，然後再詳看粉絲們的回覆看法，以表示公司對粉絲意見的重視。

（七）零售商採購人員：

公司還可以電話詢問零售商採購人員的看法及意見，由於這些採購人員掌握各家品牌的銷售狀況，也可以得到一些市場資訊情報及顧客情報。

圖30-3　如何做好傾聽顧客心聲

1

向客服中心搜集顧客
資料。

2

向門市店、專櫃第一
線人員搜集顧客資
料。

3

向各縣市經銷商搜集
顧客資料。

4

舉辦焦點座談會，搜
集顧客資料。

5

由問卷調查中，搜集
顧客資料。

6

由粉絲專頁中搜集顧
客資料。

7

向零售商採購人員搜
集顧客資料。

光陽機車董事長　柯勝峯

一、經營管理智慧金句

　　光陽與美國哈雷重機公司合資組成新公司 —— 哈雷電動機車子公司,就是展現光陽積極布局全球電動機車領導品牌的決心。

二、圖示

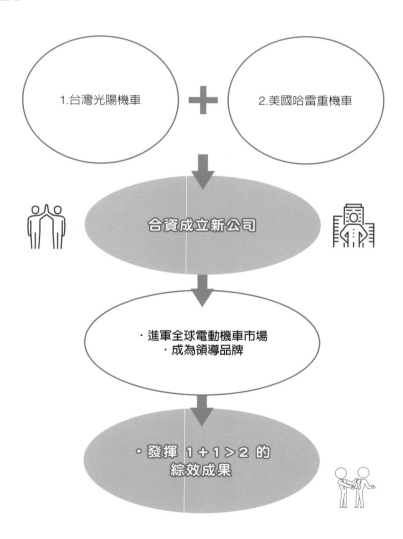

Chapter 31

管理六大循環：
O-S-P-D-C-A

管理六大循環：O-S-P-D-C-A

一、什麼是O-S-P-D-C-A？

其實，有人問起什麼是「管理」？「管理」（Management）最簡單、最容易記住的就是，如下圖示的O-S-P-D-C-A。

圖31-1　管理六大循環O-S-P-D-C-A

O 目標設定 → S 制定策略 → P 撰寫計劃 → D 展開執行 → C 追蹤考核 → A 再調整再行動

如下說明：

（一）O：Objective（目標設定）

經營企業或管理事情，必須先設定想要達成的目標是什麼，有了具體數據目標或非數據目標，如此才能知道大家為何而戰、戰鬥的目標何在。如果，沒有設定目標，也就無從追蹤考核起。

這個目標設定，可為大目標或小目標均可，例如：

1.TVBS電視台經營目標

・成為新聞頻道第一名收視率之目標。

・不斷提升各節目收視率目標。

2.SOGO百貨公司目標

・達成週年慶全台十個分館110億元營收業績目標。

3.全聯超市目標

・達成2025年，全台1,500店及2,000億營收目標。

4.台積電目標

・達成2030年，2.7兆元營收目標。

・成為全球晶片研發與製造第一名領導公司目標。

5.好來牙膏

・持續保有40%市占率目標不變。

6.和泰TOYOTA汽車

・每2年推出一款新車型、新品牌汽車目標。

7.momo網購目標

・達成全台24小時快速到宅目標，以及台北市6小時快速到宅目標。

・預計2025年達成1,200億營收挑戰目標，努力追上統一超商1,800億營收及全聯1,700億營收目標。

8.王品餐飲集團

・邁向集團30個餐飲品牌目標，持續保持全台第一大營收之餐飲集團目標。

（二）S：Strategy（制定策略、方向與作法）

　　第二步驟，接著就是要制定可以達成上述目標的策略、方向及作法。這個階段很重要，如果策略錯了、方向偏了、作法不對了，則前述目標根本不會達成。

例如：

　　全聯20多年前剛開第一家店時，就制定2020年時將達成1,000店目標，接著，其策略及作法有三個：

　　一是靠自己。全力在北、中、南展店，並成立展店小組，全力搜尋店面。

　　二是靠收購。這20年期間，全聯收購了多家連鎖超市，加快總店數成長。

　　三是準備好拓店的財務資金200億以上。

　　（平均每家店裝潢開店要2,000萬×1,000家店＝200億元）

（三）P：Planning（做好詳細計劃及方案）

　　第三步驟，即是依據前述的目標及策略／方向／作法，然後，由相關部門擬訂具體的、詳實的、有步驟的計劃及方案，以確保後面的執行面能夠有所依據，不會執行錯誤。此時的計劃方案，必須具完整性、周全性、可行性、有效益性、可達成性及有組織戰鬥力。

（四）D：Do（展開執行力）

　　第四步驟：即依上述計劃方案，展開強大執行力、快速執行力及高效率執行力。執行力也很重要，若只會寫計劃但欠缺執行力，那麼企業也得不到什麼成果。因此，一定要培養員工有強大、快速且精準的執行力，才能把事情做好、做對、做完成。

例如：

　　momo網購決定在五年內，快速在全台建構完成60個大、中型的物流倉儲中心，此種五年執行力就是要準時完成60座物流中心的興建。

（五）C：Check（追蹤、考核、管考）

　　第五步驟，就是要對上述的各單位執行力狀況，進行必要的追蹤、考核、管考，以了解事情的推動進度，是否有如期、如質的完成，或是超速提前完成，還是落後未完成。

　　追蹤考核、管考的功能，就是給各單位、各主管一些壓力，使其重視如期、如質完成任務、完成目標。

例如：

　　全聯要在2025年，從2020年的1,000店，達到2025年的1,500店，平均每年要成長100店，因此，追蹤考核的焦點，就是每年是否達成100店目標。

（六）A：Action（再調整、再行動）

　　最後，經過追蹤、考核、討論之後，各單位、各主管，即可能要做一些修正、調整，然後再行動，以求事情做得更完美、更成功。

圖31-2　O-S-P-D-C-A是一個循環工作

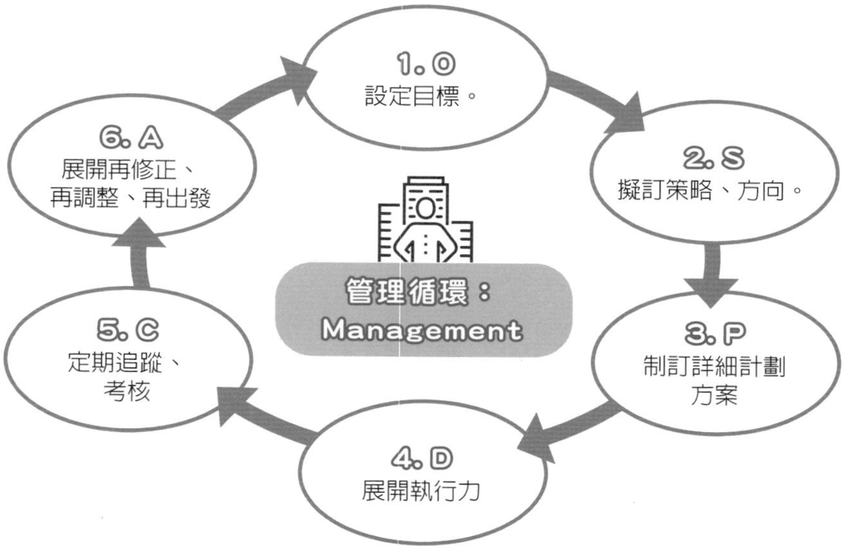

- 1. O 設定目標。
- 2. S 擬訂策略、方向。
- 3. P 制訂詳細計劃方案
- 4. D 展開執行力
- 5. C 定期追蹤、考核
- 6. A 展開再修正、再調整、再出發

管理循環：Management

二、O-S-P-D-C-A示例

（一）iPhone16新款手機上市專案推動管理：

　　O：目標設定。預計上市第一年銷售目標，全球達3億支。

　　S：策略制定。制定第一年的廣宣策略及銷售策略為何。

　　P：擬訂各項策略及作法的細節計劃事宜。

　　D：計劃完成後，即依照時程表，展開具體執行力。例如：舉辦全球上市發布記者會及媒體報導。

　　C：針對每個計劃執行狀況，加以檢討及考核成效如何。

　　A：若有未做好的，再予以及時修正、調整及改進策略及作法。

（二）全聯超市加速展店到1,500店專案管理：

　　O：五年內，由店數1,000店成長到2025年1,500店，每年增加100店目標。

　　S：制定展店策略與作法。北、中、南三區的分配店數及如何達成之策略與作法。

　　P：擬定具體細節計劃，包括：資金計劃、展店洽談人力計劃、地點計劃、開店裝潢計劃等。

　　D：全力展開執行力及加快效率。

　　C：定期考核完成進度如何。

　　A：若有不足的，再調整策略及人力，重新再出發。

圖31-3　O-S-P-D-C-A示例

例1：
iPhone16新款手機全球上市專案推動管理！

例2：
全聯超市五年展店到1,500店專案推動管理。

推動：O-S-P-D-C-A

完美如期，快速達成，預訂目標任務！

三、對O-S-P-D-C-A的五大認知

任何企業在推動O-S-P-D-C-A六大管理循環時，應有如下五大圖示認知：

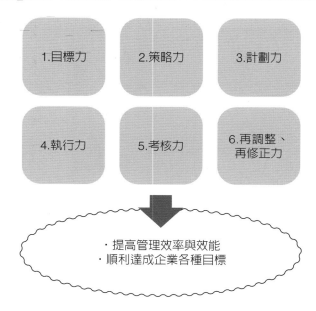

圖31-4　O-S-P-D-C-A推動之認知

1.六大循環應環環相扣、緊密結合。

2.六大循環是組織總體能力的反應及結合。

3.這是一個團隊合作的展現，絕非一個人可以完成。

4.這是總體管理能力的展現。

5.不管企業大事、小事，均可以六大管理循環完成。

圖31-5　管理循環的六大能力

1.目標力

2.策略力

3.計劃力

4.執行力

5.考核力

6.再調整、再修正力

‧提高管理效率與效能
‧順利達成企業各種目標

Chapter **32**

居安思危，保持危機意識

居安思危，保持危機意識

一、為何要保持危機意識？

　　企業在長期的營運中，為何要保持危機意識，主要是企業會面臨經營過程中的六大變化，這些變化都會造成對企業的不利威脅，也會造成企業營收、獲利、市占率排名、品牌地位的衰退、下滑、退步，可謂影響企業很大。企業絕對要居安思危、保持危機意識，並做好應對措施，才能不斷向前領先。

　　茲圖示如下對企業的不利六大變化：

圖32-1　企業面對威脅及挑戰的六大原因

```
┌─────────────────┐  ┌─────────────────┐  ┌─────────────────┐
│ 1.國內外的外部環境，│  │ 2.來自競爭對手的   │  │ 3.上游供應商及下游 │
│   每天都在變化中。 │  │   壓力及挑戰，    │  │   通路商的狀況，  │
│                 │  │   每天都存在的。  │  │   也在變化中。    │
└─────────────────┘  └─────────────────┘  └─────────────────┘

┌─────────────────┐  ┌─────────────────┐  ┌─────────────────┐
│ 4.消費者、顧客、會員│  │ 5.政府的政策及法規 │  │ 6.公司自身的體質及 │
│   也會發生變化。  │  │   也在變化中。    │  │   競爭力也會發生變化。│
└─────────────────┘  └─────────────────┘  └─────────────────┘
```

・這些不利變化，將對本公司發生壓力及發生衝擊。

・會使公司既有的營收、獲利、市占率、品牌地位等，發生衰退、減少、下降、退步。

二、沒有永遠第一名的企業與領導品牌之示例

　　基於前述六大原因，使企業沒有永遠的第一名及沒有永遠的領導品牌。

例1　台積電

台積電公司在十五年前，其技術及製造量均落後韓國三星及美國Intel（英特爾）。但經過十多年，台積電加速研發投入及人才聚集，終於在五年前超越了韓國三星及美國英特爾，成為全球製程技術最先進與製造量最多的晶片第一名半導體公司。

例2　台灣有線電視業

台灣30年前，當時只有無線三台，故這三台很賺錢。但後來1992年政府法規開放，有線電視成為新進入競爭者，結果演變成有線電視收視率、頻道數、廣告收入都大幅超過無線三台，使無線三台從賺很多，變成反而虧錢了。

例3　台灣網路新聞

最近十年來，台灣傳統紙媒報紙，被即時網路新聞及手機新聞大幅取代，使得傳統報紙很多停刊關門，只剩下虧錢的三大綜合報。

圖32-2　沒有永遠第一名企業之案例

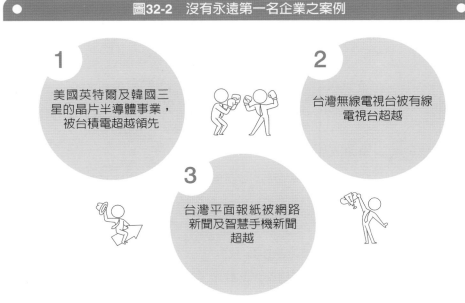

1 美國英特爾及韓國三星的晶片半導體事業，被台積電超越領先

2 台灣無線電視台被有線電視台超越

3 台灣平面報紙被網路新聞及智慧手機新聞超越

三、危機意識的12個面向

企業要注意到的危機意識，可能包括有12個面向，如下圖示：

圖32-3　危機意識的12個面向

1.技術被領先危機	2.設計被超越危機	3.品牌力被超越危機
4.市場被瓜分危機	5.主要客戶被搶走危機	6.高階人才被挖走危機
7.連鎖店數被超越危機	8.供應鏈發生問題之危機	9.競爭對手愈來愈多之危機
10.資本支出被超越之危機	11.既有市場達到飽和之危機	12.營收、獲利、市占率三者均下滑、衰退之危機

企業面臨真正危機及威脅了

四、保持危機意識如何作法？

企業面對外界不利威脅點，如何才能永保危機意識，也才能長期永續經營下去，主要有六項作法：

（一）老闆不斷強調。

老闆或最高階董事長、總經理必須在每次一級主管會議上，不斷重覆強調保持危機意識的重要性，使各級主管都有此觀念。

（二）深入組織文化。

除了老闆耳提面命之外，還必須進一步把此理念深入組織文化內，讓每位員工都有此認知與共識，以保持全體員工都有危機意識。

（三）每月舉行會議。

　　除此之外，每個月還須舉行一次會議，由各單位主管提報保持危機意識的作法及應對策略，大家共同討論。

（四）足夠資本支出及研發投入。

　　科技公司要避免危機產生，就必須保持每年有足夠金額的資本支出及研發金額的投入；如此，才能保持技術領先及製造領先。

（五）持續強大人才團隊。

　　要保持危機意識，就必須持續強大的人才團隊，優秀人才愈多，就愈能鞏固公司的領先地位，避免被別家公司超越。

（六）制訂中長期發展計劃。

　　最後，公司也必須持續性的制訂未來3～5年，甚至5～10年的中長期事業發展計劃，做好超前布局，以保證未來十年，都能持續成長並領先。

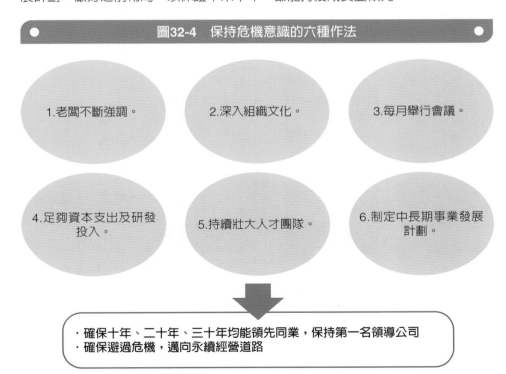

圖32-4　保持危機意識的六種作法

1.老闆不斷強調。

2.深入組織文化。

3.每月舉行會議。

4.足夠資本支出及研發投入。

5.持續壯大人才團隊。

6.制定中長期事業發展計劃。

・確保十年、二十年、三十年均能領先同業，保持第一名領導公司
・確保避過危機，邁向永續經營道路

聲寶家電公司董事長　陳盛沺

一、經營管理智慧金句

在外在環境變動中,我們的3大應變策略為:

(1) 維持供應鏈不斷鏈。

(2) 推展多元銷售通路。

(3) 客群及經營團隊的年輕化。

二、圖示

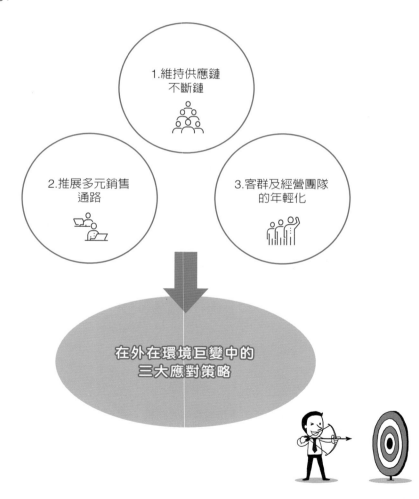

Chapter 33

求新、求變、求快、求更好

求新、求變、求快、求更好

一、求新、求變、求快、求更好的意涵

企業在競爭大環境中，要勝過競爭對手，一定要秉持著九字訣，即求新、求變、求快、求更好。

1.求新：更創新、更革新、更升級。

2.求變：更變革、更多變化、更多改良、更加變型。

3.求快：更加快速、更有效率、更加快捷。

4.求更好：好，還要更好；更好的追求，是永無止境的。

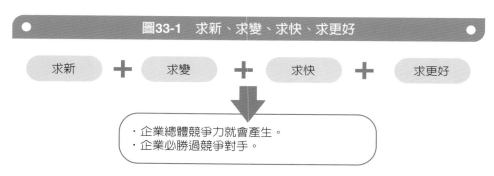

圖33-1 求新、求變、求快、求更好

求新 ＋ 求變 ＋ 求快 ＋ 求更好

・企業總體競爭力就會產生。
・企業必勝過競爭對手。

二、求新、求變、求快、求更好的面向

企業在求新、求變、求快、求更好的面向，主要有十六個面向，如下圖示：

圖33-2 求新、求變、求快、求更好的面向

1.既有產品改良	2.新產品開發	3.售後服務	4.包裝改良
5.設計改良	6.功能改良	7.品質改良	8.滿足顧客需求
9.商品陳列	10.門市店改裝	11.百貨公司改裝	12.廣告宣傳改良
13.人員銷售團隊改良	14.製造／生產良率改良	15.重大決策速度	16.策略、方向、作法改變

三、求新、求變、求快、求更好的示例

　　茲列舉各行各業第一品牌在求新、求變、求快、求更好的示例如下：

1.全聯：超市業第一名，快速展店為其特色。

2.7-11：便利商店第一名，不斷求新、求變、求更好為其特色。

3.星巴克：店內喝咖啡第一名，不斷求更好為其特色。

4.CITY CAFE：帶著走咖啡第一名，求快為其特色。

5.和泰汽車：代理TOYOTA銷售第一名，求新、求變為其特色。

6.好來牙膏：牙膏銷售第一名，求更好為其特色。

7.中華電信：電信服務業第一名，求更好為其特色。

8.家樂福：量販店第一名，求新、求變為其特色。

9.momo：網購業第一名，求更好為其特色。

10.三陽：機車業第一名，求新、求變為其特色。

11.有線電視業：三立電視台第一名，求更好為其特色。

12.新光三越：百貨公司業第一名，求新、求變為其特色。

13.台積電：晶片半導體業第一名，求新、求更好為其特色。

14.鴻海：手機代工業第一名，求快、求更好為其特色。

15.統一企業：食品／飲料業第一名，求新、求變為其特色。

圖33-3　求新、求變、求快、求更好示例

1.全聯	2.7-11	3.星巴克	4. CITY CAFE
5.和泰汽車	6.黑人牙膏	7.中華電信	8.家樂福
9.momo網購	10.光陽機車	11.三立電視台	12.新光三越百貨
13.台積電	14.鴻海	15.統一企業	

四、如何貫徹求新、求變、求快、求更好的要件

企業如何貫徹求新、求變、求快、求更好的四項要件，如下：

（一）要變成全體員工的企業文化、組織文化的重要認知與共識。

（二）要變成全員行動力與執行力的九字訣。

（三）要變成新進員工教育訓練的重點之一。

（四）要變成全員年終績效考核的要項之一。

（五）要在公司各種會議中，不斷強調、重覆強調。

圖33-4　求新、求變、求快、求更好

1

要在公司會議中，不斷強調。

2

要形成組織文化、企業文化的象徵。

3

要變成全員行動力的根本指導。

4

要變成新進員工教育訓練重點。

5

要變成員工年終考核要項之一。

Chapter 34

暢銷產品的五個值

一　五個值是什麼？

二　如何做好這五個值？

暢銷產品的五個值

一、五個值是什麼？

暢銷產品的五個值，詳述如下：

（一）高CP值

即產品應具備物超所值感，消費者感到值得買此產品，並願意再回來買，具有好口碑及高回購率。例如：momo網購、Costco量販店、全聯超市、大同電鍋、統一泡麵、石二鍋火鍋店、欣葉自助餐廳、花王洗面乳……等，均屬高CP值產品。

（二）高顏值

即產品具有高設計感及高質感，讓人喜歡及讚嘆；消費者未必每個人都要便宜的產品，有些高所得的顧客，反而要求高質感但售價高一些的產品。例如：雙B汽車、iPhone手機、花仙子芳香劑、ASUS筆電、象印電子鍋、Sony電視機、Panasonic電冰箱、Gogoro電動機車、特斯拉電動車等。

（三）高品質

暢銷產品的品質等級一定要高，即產品功能多、壽命耐用又好用、不易壞掉、可用很久，這就是高品質。例如：

1. 日系家電，都是比較高品質的，像Panasonic、Sony、日立、大金、象印、三菱、東芝、夏普等均是。
2. 歐系汽車，像BMW、BENZ、VOLVO、AUDI、VW等高品質汽車。
3. 歐洲名牌精品，像LV、Gucci、Hermes、Prada、Chanel、Dior等也很耐用，設計又好，品質高檔。

（四）高EP值

即experience performance，即有高的體驗值，在對產品或服務的體驗之後，能夠感受美好。例如：iPhone手機、Dyson吸塵器，試用之後都有不錯感受。

（五）高TP值

即trust performance，有高的信賴、信任感；一旦有好的信賴、信任感，就會成為一生的愛用戶及購買者了。所以如何養成顧客對我們產品的信賴、信任感，就成為重要之事了。例如：櫻花廚具、光陽機車、捷安特自行車、白蘭洗衣精、桂冠火鍋料、統一泡麵、ASUS筆電、普拿疼頭痛藥、Panasonic電冰箱、TOYOTA汽車、TVBS新聞台、國泰世華銀行、台北富邦銀行……等，均是高TP值產品或服務業。

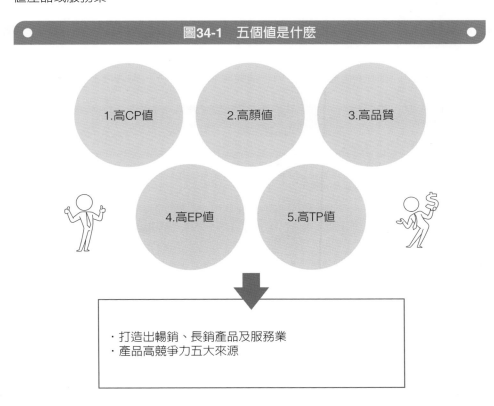

圖34-1　五個值是什麼

1.高CP值　2.高顏值　3.高品質　4.高EP值　5.高TP值

· 打造出暢銷、長銷產品及服務業
· 產品高競爭力五大來源

二、如何做好這五個值？

企業到底如何才能做好這五個值：

（一）研發／設計

產品在研發／設計階段，就要考慮到這五個值，徹底把這五個值做好、做強。

（二）製造

　　在生產／製造階段，也要堅持這五個值，特別是要生產出高品質，100％良率的真正好產品出來。

（三）行銷宣傳

　　在行銷宣傳階段，也要把這五個值的特色講出來，讓消費者能感受到。

（四）業務銷售

　　在專櫃、門市店、經銷店及專賣店，也要對顧客強調這五個值，以引起顧客的好感。

（五）售後服務

　　在售後服務階段，也要讓顧客有好的體驗感及信賴感，顧客才會有好口碑。

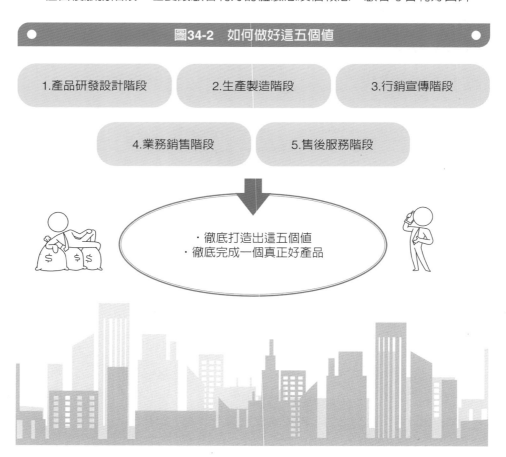

圖34-2　如何做好這五個值

1.產品研發設計階段　　　2.生產製造階段　　　3.行銷宣傳階段

4.業務銷售階段　　　5.售後服務階段

・徹底打造出這五個值
・徹底完成一個真正好產品

Chapter 35

誠信、正派經營

誠信、正派經營

一、誠信／正派經營案例

例1 聯合報

以前紙媒《聯合報》創辦人經營《聯合報》的堅持信條，就是必定要「正派辦報」，一直持續到今天，已經七十年了，此信條仍未改變。

例2 台積電

台積電前董事長張忠謀堅持該公司的核心價值之一，就是要「誠信經營」；不論對客戶、供應商、股東、員工或社會，都是堅持誠信原則。

例3 統一企業

統一企業創辦人高清愿，曾說過統一企業要堅持「三好一公道」（品質好、信用好、產品好、價格公道）的正派經營大原則。

二、國內各行業第一名領導公司的正派／誠信經營

茲列舉數十家國內各行業第一名領導公司的正派、誠信經營案例，圖示如下：

圖35-1　各行業第一名領導公司正派／誠信經營案例

1.房仲：信義房屋	2.網購：momo	3.銀行金控：富邦金控
4.電信：中華電信	5.汽車代理：和泰	6.食品／飲料：統一企業
7.家電：Panasonic	8.超市：全聯	9.便利商店：統一超商
10.百貨公司：新光三越	11.晶片半導體：台積電	12.手機鏡頭：大立光
13.筆電：ASUS	14.餐飲：瓦城	15.建設公司：國泰建設
16.書店：誠品	17.手機代工：鴻海	18.新聞台：TVBS
19.美妝店：屈臣氏	20.服飾：NET	21.自行車：捷安特
22.量販店：家樂福	23.電影院：威秀影城	24.咖啡連鎖店：星巴克

三、誠信／正派經營的對象

誠信／正派經營，面對的對象，包括如下圖示的6種對象：

圖35-2　誠信／正派經營的6種對象

01　對消費者

02　對大眾股東

03　對上游供應商

04　對下游通路商

05　對員工

06　對競爭對手同業

四、誠信／正派經營如何作法

企業要如何才能做好、做到誠信／正派經營呢？可有如下五種作法：

圖35-3　誠信／正派經營如何作法

1. 老闆（董事長）在會議上不斷的、經常性的強調與重視。

2. 納入公司的經營理念及信條之一。

3. 納入新進員工教育訓練課程內容之一。

4. 納入員工年終考核項目之一。

5. 納入員工日常工作守則內容的要求之一。

統一企業集團董事長　羅智先

一、經營管理智慧金句

為啟動統一集團第二個五十年成長動能，將以生活品牌為戰略核心，並以：

(1) 製造＋研發

(2) 貿易＋流通

(3) 零售＋體驗

(4) 聯盟＋併購

四個主軸為發展方向，希望建構出亞洲流通生活平台。

二、圖示

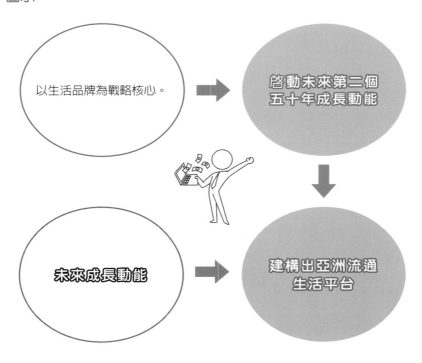

Chapter 36

留住優秀好人才

一　留住優秀好人才的10個要點

留住優秀好人才

一、留住優秀好人才的十個要點

　　優秀人才團隊對公司的現在及未來長遠發展都很重要，因此公司必須好好思考，如何才能留住優秀好人才？以下是作者30多年來在企業界做事及大學教書的經驗與看法，說明如下：

（一）公司要有好制度

　　優良公司的經營與管理，必定是依照各種良好制度流程及規章來運作的，是法治而不是人治的。很多人在小公司工作，但小公司的人事離職率反而很高，因為小公司通常缺乏制度，靠得是老闆一人的想法及決策，這就是靠人治而不是法治，凡是靠人治的公司都是很危險的，而且不是永續長期經營的公司。只要公司有了各種好制度、合理制度，此時，優秀人才就會留下來。

（二）公司有未來成長性

　　第二個能留住優秀人才的要素，就是公司必須要有未來的成長性及長遠性。只要公司有成長性，每位員工必然能夠跟隨公司成長而得到自己的成長。

　　所謂公司有成長性，是指公司的事業版圖可以不斷擴張，公司的營收可以不斷提高，各種子公司、分公司可以設立，而有更多的主管空缺，可提供既有員工能夠擔任、晉升。如此，優秀好人才必留在公司或集團裡謀求個人發展及成長。

　　國內有很多集團型大公司，例如：遠東集團、鴻海集團、富邦集團、統一企業集團……等，都能留住很多好人才。

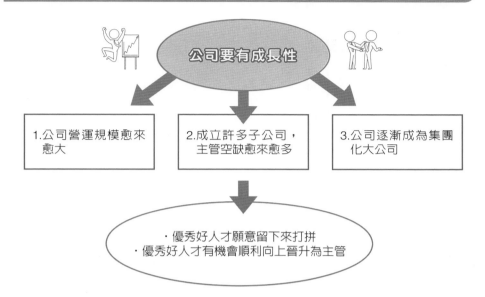

圖36-1 公司有未來成長性，好人才才會留下來

公司要有成長性

1.公司營運規模愈來愈大

2.成立許多子公司，主管空缺愈來愈多

3.公司逐漸成為集團化大公司

· 優秀好人才願意留下來打拼
· 優秀好人才有機會順利向上晉升為主管

（三）公正、公平、主動的晉升制度

幾乎每位員工都關心自己在這家公司、這個單位能否有晉升機會，包括晉升為主管頭銜、晉升職務名稱及等級；因此，公司人事法規及制度上必須要有公正、公平、公開、主動及合理的員工晉升制度，以及員工生涯路徑規劃，只要員工肯努力、肯貢獻、肯成長，員工就會得到公司注意而順利晉升上去。

能夠滿足優秀人才的晉升願望，那員工就會一直留下來在公司打拼。反之，優秀員工在公司長期得不到應有的晉升，那就會有流失人才之憂慮。

（四）公司要定期合理調薪

第四個留住好人才的要素是公司必須要定期、合理的對大部分員工加以調薪。尤其是基層員工，他們的月薪可能只有二萬多元或三萬多元，如果每年能調增1,000元，那20年後，原來二萬多元的會變成四萬多元，原來三萬多元的會變成五萬多元，這樣就比較能滿足基層好人才的物質經濟需求。

公司內部，不管是基層、中層或高層，人人都歡迎定期合理調薪，這樣才能

有驅動員工為公司奉獻的強大動機。當然對於少數表現不佳、表現不力的不好人才，就是排除在定期調薪之外了。

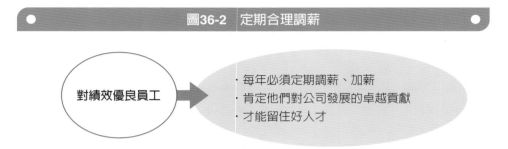

圖36-2　定期合理調薪

對績效優良員工
- 每年必須定期調薪、加薪
- 肯定他們對公司發展的卓越貢獻
- 才能留住好人才

（五）要有優渥的各種獎金發放

要留住好人才，有一項非常重要，就是公司一定要有優渥的各種獎金及福利。像很多上市櫃的科技公司，都有不同名目的獎金發放，高度滿足員工對經濟的需求，包括：年終獎金、績效獎金、業績獎金、紅利獎金及股票認購等。

像台積電、大立光、鴻海、聯發科、聯電……等高科技公司，由於獲利良好，因此，每年員工的平均總年薪高達180萬元，比零售業、服務業、傳產業員工平均年薪60萬元，高出3倍之多。這吸引了很多優秀好人才前往這些高科技公司求職。

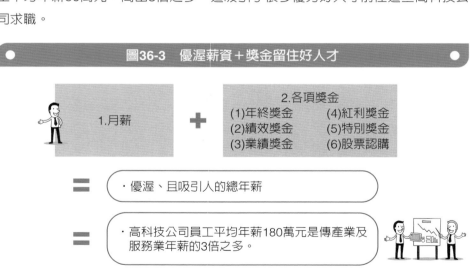

圖36-3　優渥薪資＋獎金留住好人才

1.月薪

＋

2.各項獎金
(1)年終獎金　　(4)紅利獎金
(2)績效獎金　　(5)特別獎金
(3)業績獎金　　(6)股票認購

＝
- 優渥、且吸引人的總年薪

＝
- 高科技公司員工平均年薪180萬元是傳產業及服務業年薪的3倍之多。

（六）努力申請為上市櫃公司

公司經營目標之一，就是能夠成為資本市場的上市櫃公司之一，因為成為上市櫃公司，代表了公司比較有未來性及成長性，也代表公司有比較好的薪獎與福利，絕對能留住優秀好人才。

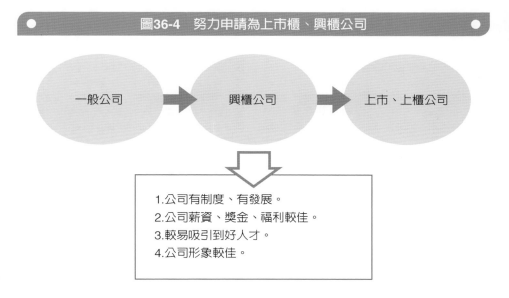

圖36-4　努力申請為上市櫃、興櫃公司

一般公司　→　興櫃公司　→　上市、上櫃公司

1.公司有制度、有發展。
2.公司薪資、獎金、福利較佳。
3.較易吸引到好人才。
4.公司形象較佳。

（七）特別對待少數稀有人才

公司內部若有少數稀有人才或獨特人才，公司必然要有特別對待的作法，如以特別的年薪待遇留住這種少數貴重人才。例如：特優的天才型研發人才、技術人才等，均屬之。

（八）公司要有好的企業文化

一家公司一定要有好的、誠信、正派的企業文化及組織文化，讓優秀好人才能夠在組織裡發揮潛力及貢獻，好人才就能在此組織文化中留下來。

（九）慰留好人才

面對優秀好人才想離開公司，公司應由高階主管親自出面對此員工加以慰留，使其改變心意。或者提出更好的薪酬，滿足員工的經濟需求，而能夠順利留下來。

（十）公司內部切勿有派系及權力鬥爭

　　少數公司內部組織會出現派系及權力鬥爭，這將使公司大量優秀好人才離開公司，故公司一定要努力禁止公司有派系形成及派系權力鬥爭，形成良性循環的組織文化。

圖36-5　留住優秀好人才十個要點

1	公司要有好制度。	2	公司要有未來成長性。
3	公正、公平、主動的晉升制度。	4	公司要定期合理調薪。
5	要有優渥的各項獎金發放。	6	努力申請成為上市櫃公司。
7	特別對待少數稀有人才。	8	公司要有好的組織文化。
9	慰留想離職好人才。	10	公司內部切勿有派系及權力鬥爭。

全方位努力留住優秀好人才

Chapter **37**

打造學習型組織，
全體員工要終身學習

打造學習型組織，全體員工要終身學習

一、為什麼要成為學習型組織？

企業為什麼要成為學習型組織呢？主要有3大原因：

（一）面臨競爭激烈

幾乎大部分企業都面臨激烈競爭的環境，每天都面臨很大壓力，唯有成為學習型組織，才能順利面對競爭壓力。

（二）不進則退

企業及員工只要不進步，就是退步；全體員工必須不斷學習，才會不斷向前進步。

（三）保持成長

學習型的組織，必會保持企業的營收及事業版圖能夠不斷成長及擴張，也才能拉開競爭對手的距離。

圖37-1　成為學習型組織的3大原因

1.面對激烈競爭的環境及壓力	2.企業為保持持續性成長及擴張	3.企業營運不進則退

二、學習的內容有哪些？

學習型組織到底要學習哪些內容項目，有八大領域的知識內容，如下：

圖37-2　學習型組織的八大學習內容

1. 有關技術方面知識	2. 有關公司營運方面知識	3. 有關整個產業方面知識	4. 有關各部門功能性專業知識
5. 有關各級主管的領導知識	6. 有關行銷及業務知識	7. 有關外部環境變動及趨勢知識	8. 有關如何管理知識

三、員工學習的資料來源有哪些？

那麼員工學習的資料來源可以有哪些呢？大致如下圖示所列資料都是可以學習的：

四、學習的方式有哪些？

員工學習的方式主要有下列六種：

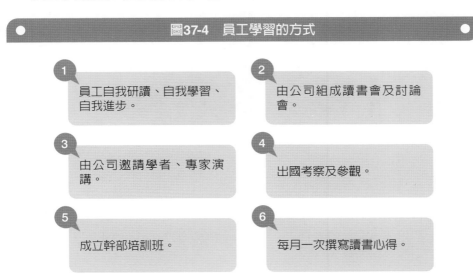

聯電公司總經理　簡山傑

一、經營管理智慧金句

　　將ESG落入部門的KPI，並與全體員工的分紅連動，ESG越是擴大參與，才越可能成功。

二、圖示

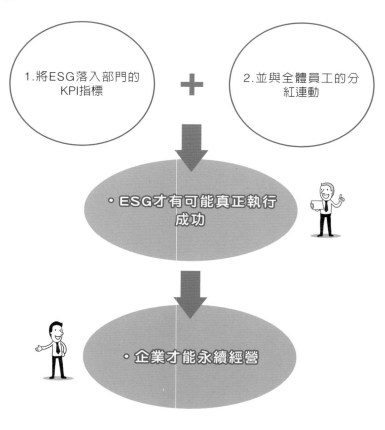

1.將ESG落入部門的KPI指標

＋

2.並與全體員工的分紅連動

- ESG才有可能真正執行成功

- 企業才能永續經營

Chapter **38**

差異化策略與獨特銷售賣點

差異化策略與獨特銷售賣點

一、波特教授3種贏的策略

美國波特教授在20多年前，就提出企業可以贏的3種競爭策略，如下圖示：

圖38-1　波特教授贏的3種策略

1.低成本策略	**2.差異化策略**	**3.專注、聚焦策略**
low cost strategy	differential strategy	focus strategy

（一）低成本策略：

低成本策略，就是企業以較低的成本為競爭點，然後勝過別人。一般來說，低成本也代表著可能以低價格去爭取消費者的購買。例如：全聯超市全台1,200家店，故進貨成本較低，其產品售價也必然低一些，即能贏得市場。此外像家樂福量販店、Costco量販店、momo網購、鴻海的手機代工廠等，均是以低成本策略，而贏得市場。

（二）差異化策略：

波特教授提出可使公司贏的第二個策略，即是差異化策略。也就是指公司的產品或服務，必須與競爭對手有些差異化、有些獨特性、有些特色化等，才能在市場競爭中獲勝。

例如：

1. 舒酸定牙膏
2. 白鴿抗病毒洗衣精
3. Dyson吸塵器／吹風機
4. 珍煮丹手搖飲
5. 瓦城泰式料理
6. 豆府韓式料理
7. 台北101精品百貨公司
8. Gogoro電動機車
9. Tesla特斯拉電動汽車
10. 三井林口OUTLET PARK購物中心
11. 寶雅美妝百貨店
12. 三得利保健食品
13. 無印良品店
14. 大創百貨商品店
15. LV名牌精品

（三）專注、聚焦策略：

　　第三個可使公司贏的策略，即是，不管事業做多大，永遠始終固守、專注、聚焦在既有領域的專業版圖，從專注中產生競爭優勢與領先優勢。

例如：

1.王品餐飲集團。　　　　　　2.瓦城餐飲集團。

3.台積電公司。　　　　　　　4.大立光公司。

5.聯發科公司。　　　　　　　6.國泰金控公司。

7.玉山金控公司。　　　　　　8.捷安特自行車。

9.Panasonic家電公司。

二、差異化策略的好處及優點

　　企業的產品及服務，如果採取差異化策略時，可具有下列四大好處及優點，如下圖示：

圖38-2　差異化策略的四大好處

1.企業的產品及服務，不會陷入紅海市場的高度競爭。

2.企業的產品及服務，定價可以高一些，獲利可以好一些。

3.企業的產品如果具有獨家特色，可以做為廣告宣傳的訴求點。

4.企業比較容易切入市場，也比較容易存活。

三、從哪裡可以差異化？

　　企業的產品及服務，可以從哪裡展開它的差異化呢？可從12種面向著手打造出差異化、獨特化的產品及服務出來。如下圖示：

圖38-3 企業著手產品及服務差異化的12個面向

1 從原物料等級著手差異化	2 從服務等級著手差異化
3 從設計面著手差異化	4 從手工製作著手差異化
5 從獨特地點、位置著手差異化	6 從專賣店、門市店裝潢著手差異化
7 從成分著手差異化	8 從功能／功效面著手差異化
9 從耐用期限著手差異化	10 從獨家配方著手差異化
11 從省電、省能源著手差異化	12 從獨特技術著手差異化

四、什麼是USP？

什麼是行銷上的USP呢？如下圖示：

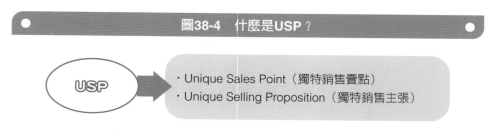

圖38-4 什麼是USP？

USP → ・Unique Sales Point（獨特銷售賣點）
・Unique Selling Proposition（獨特銷售主張）

企業研發或打造出每個產品，應該找出每個產品自己的USP（獨特銷售賣點），如此產品才有特色，也才會賣得好，售價也可以拉高些。因此，研發人員或商品開發人員在產品一開始研發時，就應與業務人員、行銷人員及採購人員一起討論，產品有哪些與競爭同業不同的USP，如此產品上市之後，才能比較容易銷售成功。

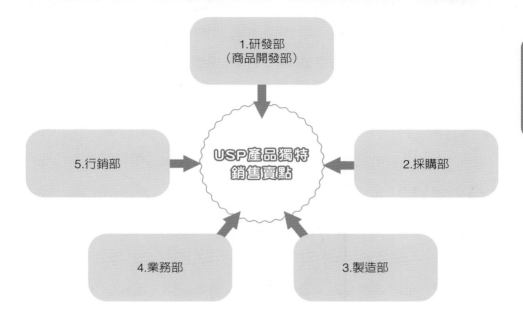

圖38-5　五大部門共同努力研發出USP（產品獨特銷售賣點）

1.研發部
（商品開發部）

5.行銷部

USP產品獨特
銷售賣點

2.採購部

4.業務部

3.製造部

樂軒和牛餐廳集團創辦人　張維軒

一、經營管理智慧金句

　　1.我覺得服務的王道，就是要over的服務，要超出預期，要有驚喜。

　　2.做高端客的生意不能依循SOP，但只要以客為尊，提供最周到服務的信念
　　　不變，就會成功。

二、圖示

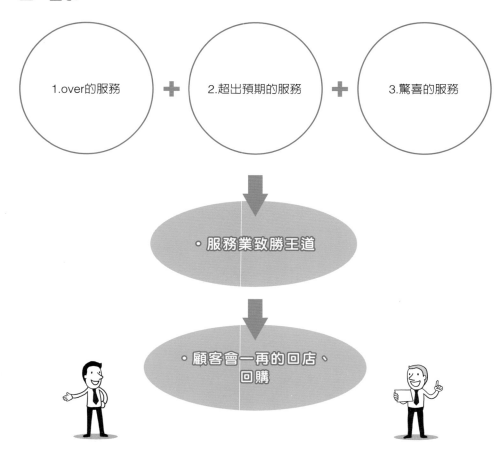

1.over的服務 ＋ 2.超出預期的服務 ＋ 3.驚喜的服務

・服務業致勝王道

・顧客會一再的回店、回購

Chapter 39

開源與節流

開源與節流

一、開源與節流的重要性

　　開源與節流，對企業界是非常重要的，因為，如果能夠成功開源或節流，就可以增加企業的獲利，而獲利是企業經營績效的根本。

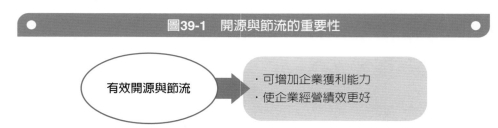

圖39-1　開源與節流的重要性

有效開源與節流　→　· 可增加企業獲利能力
　　　　　　　　　　　· 使企業經營績效更好

二、如何開源？如何增加收入？

　　企業應該如何開源？如何增加收入？主要有以下十三種方法及作法：

（一）改良既有產品

　　例如：iPhone手機，從iPhone 1到iPhone 16，每年都改新款、改良產品，不斷延續iPhone的生命週期，也創下iPhone手機系列15年來的好業績。

（二）開發新產品上市

　　很多企業除了改良既有產品外，也不斷開發新產品上市，這樣就帶動了新收入來源。例如：不少企業定期推出新車型、新飲料、新家電、新款手機、新款餐廳料理等。這些都帶動了新的銷售並促使營收增加。

（三）多品牌策略

　　不少企業推出多品牌策略，使得營收也不斷增加成長。例如：

1.王品餐飲集團就有25個餐廳品牌。

2.瓦城也有6個餐廳品牌。

3.豆府也有4個餐廳品牌。

4.P&G同一類型洗髮精中，也有4個品牌，如：潘婷、飛柔、海倫仙度絲、沙萱等。

5.巴黎萊雅旗下也有15個彩妝保養品品牌。

6.統一企業茶飲料也有4個品牌，如：麥香、純喫茶、茶裏王、濃韻。

（四）拓展多元、多樣化產品組合

當公司規模愈來愈大，產品組合也會愈來愈多元化、多樣化、齊全化，使得營收及獲利也就跟著擴張及成長。例如：統一企業在食品及飲料是非常完整齊全的；Panasonic在大小家電產品，也是非常多元齊全的。

（五）開展多角化新事業

大型企業會展開多角化新事業的經營，這樣也會增加收入來源。例如：遠東集團、鴻海集團、富邦集團都是採取多角化新事業經營的。

（六）加強廣宣，打造品牌力

在行銷方面，企業可以加強廣宣投放，加速打造出高知名度及高信賴度的品牌力出來；如此，也可以帶動新營收的增加。

（七）促銷活動

最快，最有效增加收入來源的方法，就是舉辦促銷活動，很多消費品公司都會配合大零售商的節慶促銷活動，有效拉升業績收入。例如：週年慶、媽媽節、聖誕節、過年慶、中秋節、年中慶……等均是。

（八）加強銷售人力團隊

有些產品，仍要透過第一線銷售人員賣出東西的，例如：各種專櫃、各門市店、各加盟店、各經銷店等。因此必須加強第一線人員的銷售技能及產品知識，如此亦有助業績收入的增加。

（九）完善售後服務

很多家電用品、3C用品、汽機車等，都常用到售後服務，因此，企業一定要有非常完善、貼心、親切、快速的售後服務制度及人力組織。如此，才能提高企業的好口碑，也才能保持好的業績收入。

（十）社群粉絲經營

現在是社群時代的來臨，企業要做好官網、FB、IG官方粉絲專頁的經營，鞏固好這些粉絲群的黏著度及提高回購率。如此，才能有助業績收入的增加。

（十一）庶民經濟，平價供應

現在是庶民經濟的來臨，絕大部分上班族都是低收入的所得族群，所以，企

業最好能以低價、平價供應產品，必會得到消費者好的回應，其業績收入也必會增加。例如：全聯超市、家樂福量販店、momo網購、Costco量販店等，均是以平價供應給消費者，因此業績始終年年成長。

（十二）推會員卡，鞏固會員

現在各種零售業及服務業都推出會員卡，以各種優惠及紅利積點回饋給會員們，以鞏固並拉高會員的貢獻度，如此也可以帶動業績增加。

（十三）增加通路據點

最後，企業也可以透過增加通路據點，例如：增加專櫃點、增加門市店、增加專賣店、增加經銷店、增加大賣場陳列空間，及增加網購點等，也都會顯著帶動業績來源。

圖39-2　如何增加業績收入的13種作法

01 改良既有產品。	02 開發新產品上市。	03 開展多品牌策略。
04 拓展多元、多樣化產品組合。	05 拓展多角化新事業。	06 加強廣宣，打造出品牌力。
07 舉辦促銷活動。	08 加強銷售人力團隊。	09 完善售後服務。
10 經營社群粉絲。	11 庶民經濟，平價供應。	12 推會員卡，鞏固會員。
13 增加通路據點。		

三、如何節流 ？

節流或降低成本（Cost down），主要有三大方向的節流，如下圖示：

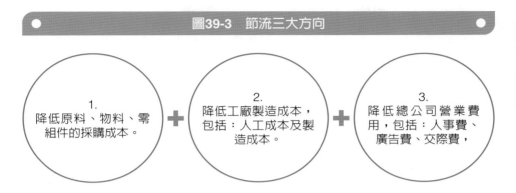

圖39-3　節流三大方向

1.
降低原料、物料、零組件的採購成本。

＋

2.
降低工廠製造成本，包括：人工成本及製造成本。

＋

3.
降低總公司營業費用，包括：人事費、廣告費、交際費，

美國管理大師　柯林斯

一、經營管理智慧金句

1. 在你極度成功的時候，同時也要保持極度的戒慎恐懼。

2. 不斷建立紀律，你的產品品質會不斷提升。所以，當厄運來臨時，你就不會被打敗。

3. 無論你有多成功，都應該永遠把這看成是一個不錯的開端。這一切只是起點，你永遠不會完全成功，成功是沒有盡頭，你還可以做得更好。

二、圖示

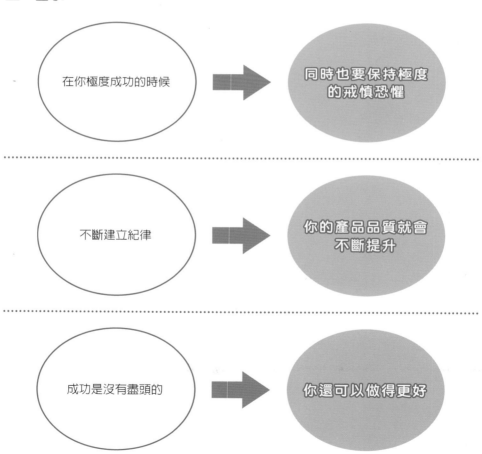

Chapter **40**

鎖定強項，專注一個行業

鎖定強項，專注一個行業

一、專注一個行業的案例

企業界採取專注某一個行業，以鎖定它的強項而經營的公司，主要案例如下圖示：

圖40-1　專注一個行業經營案例

1.台積電 （晶片半導體）	2.大立光 （手機鏡頭）	3.王品 / 瓦城 （餐飲）
4.捷安特 （自行車）	5.大金 （冷氣機）	6.金蘭 （醬油）
7.光陽 （機車）	8.克寧 （奶粉）	9.優衣庫 （服飾）
10.NET （服飾）	11.TOYOTA （汽車）	12.特斯拉 （電動汽車）
13.momo （網購）	14.好來 （牙膏）	15.五十嵐 （手搖飲）
16.麥當勞 （漢堡）	17.中廣 （廣播）	18.商周 （出版社）
19.天下 （出版社）	20.TVBS （新聞台）	21.Rimowa （行李箱）
22.三立 （電視台）	23.八方雲集 （鍋貼 / 水餃）	24.Gogoro （電動機車）

二、鎖定強項，做到第一名的面向

　　企業界可以從很多面向，努力、用心、長期的做到最強項的第一名，其面向如下圖示：

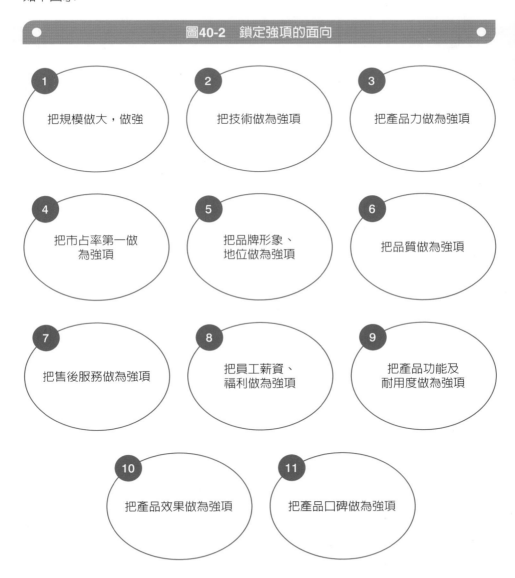

圖40-2　鎖定強項的面向

1　把規模做大，做強

2　把技術做為強項

3　把產品力做為強項

4　把市占率第一做為強項

5　把品牌形象、地位做為強項

6　把品質做為強項

7　把售後服務做為強項

8　把員工薪資、福利做為強項

9　把產品功能及耐用度做為強項

10　把產品效果做為強項

11　把產品口碑做為強項

研華科技公司總經理　陳清熙

一、經營管理智慧金句

1. 研華近40年的成長，正是：有紀律的員工、有紀律的思考、有紀律的行動，所產生的結果。

2. 領導者首要責任，就是要為公司找出清晰的共同願景。

3. 如何在企業內部建立一個有效的組織，不斷探索新興科技或新興領域，長期擴展公司的事業。

二、圖示

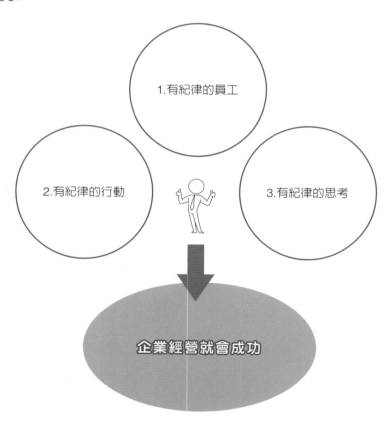

成爲優秀人才七要素

成為優秀人才七要素

一、優秀好人才七要素

成為優秀人才的關鍵七個要素＝

能力＋主動積極＋熱情＋團隊合作＋不斷學習＋不斷進步＋貢獻

二、企業需要的優秀人才條件、要素

企業界最需要的，就是要有好人才、優秀人才，如此企業才會壯大、才會成長、才能擴張。那麼，企業界需要哪些優秀人才？優秀人才的條件、要素，又有哪些？茲說明如下：

（一）能力（Capability）

能力，是優秀好人才的最基本要素，若是能力不足，能力不夠強，那自然無法為公司帶來任何貢獻，也無法使公司成為具有競爭力的公司。

能力的範圍有二種，第一種是各部門功能性領域的能力，例如：財務能力、會計能力、人資能力、業務能力、行銷能力、研發能力、技術能力、製造能力、品管能力、物流能力、售後服務能力、經營企劃能力、法務能力、採購能力、行政總務能力、稽核能力、公關能力、特助能力、秘書能力……等等。本文所指的能力，就是指這種功能部門的能力。第二種能力，即是指「經營能力」或是「賺錢能力」，這種能力，就屬於更高階的能力。

總之，一個人才，若具有「專業／功能能力」＋「經營／賺錢能力」，那就是非常完整且強大的全方位優秀好人才了。

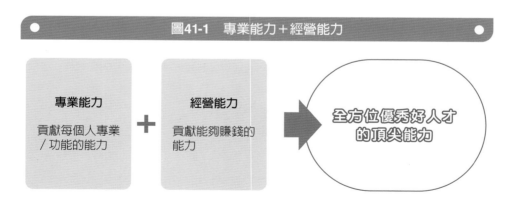

圖41-1　專業能力＋經營能力

專業能力
貢獻每個人專業／功能的能力

＋

經營能力
貢獻能夠賺錢的能力

全方位優秀好人才的頂尖能力

（二）主動積極（Active）

很多上班族都是比較被動，不夠積極的；這些上班族只管好自己每天應做的例行性工作，而不會想到其他更多未被交待的事情，也就是不會主動想為公司做更多事情。因此，如果能夠主動積極做事情，相信也必是一個優秀好人才。

圖41-2　主動積極做事情

（三）熱情（Passion）

熱情，是指公司員工們對自己所在的行業及工作職務有高度熱情；有熱情，就不會有倦怠及無力感。因此，每個員工都要對自己的工作，自己的行業，充滿高度熱情，十年、二十年、三十年，此種熱情永不消失。有高度長久的熱情，也必成為公司的優秀好人才。

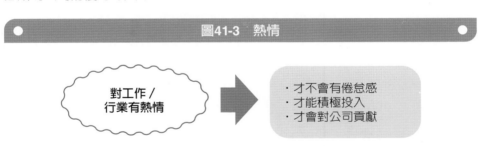

圖41-3　熱情

（四）團隊合作（Team-Work）

現在的企業組織，已不流行個人英雄主義，而是強調公司組織的團隊合作。因為公司要產品好、要業績成長、要獲利賺錢，都要靠各部門及全體員工的共同團隊合作，才能達成的。

尤其，現在很多工作及專案，都是靠跨部門、跨功能的團隊合作才能完成的。

圖41-4　團隊合作

個人英雄主義不再　➡　・轉成為跨部門、跨組織的共同團隊合作。
・唯有團隊合作，才能順利完成事情。

（五）不斷學習（Learning）

　　員工處在高度競爭環境中，要持續保持領先，要保持市占率第一名，就必須要不斷學習及終身學習，如此員工才會有強大競爭力。

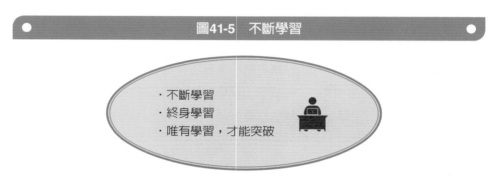

圖41-5　不斷學習

・不斷學習
・終身學習
・唯有學習，才能突破

（六）不斷進步（Progressive）

　　光是學習還是不夠，全體員工在終身學習中，更是要不斷的在各種專業領域中，求取更多、更大的顯著進步，才能對公司有更大的貢獻。

圖41-6　不斷進步

・不斷學習
・終身學習　➡　・不斷進步
・不斷成長
・不斷向前進

（七）貢獻（Contribution）

　　最後，優秀好人才的第七個要素及條件是，一定要對公司的發展有顯著的貢獻。貢獻是必要的，人人都對公司有貢獻，則公司必能成功發展。

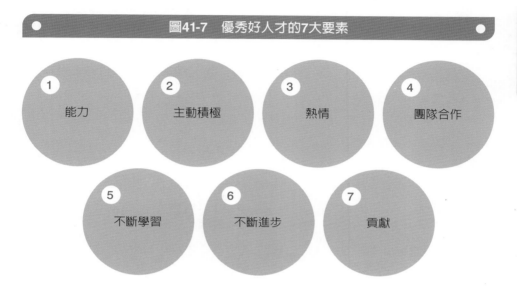

圖41-7　優秀好人才的7大要素

1　能力

2　主動積極

3　熱情

4　團隊合作

5　不斷學習

6　不斷進步

7　貢獻

媽咪樂清潔管家公司創辦人　龍耀宗

一、經營管理智慧金句

1. 時時提醒自己，不要因為找到一個巨大的乳酪，就停留在原地，要有警覺持續讓自己保持一個在動的狀態，不停的找尋新的乳酪。

2. 我是一個想的滿遠的人，而且很敢投資，就一直砸，永遠要投資未來。

3. 殺價競爭只會淪落到利潤越來越少的紅海市場中，無法形成企業長期競爭力；想要引起市場注意的更好策略是高出一倍的定價，既能打響名號，又能吸引中高端客群注意。

二、圖示

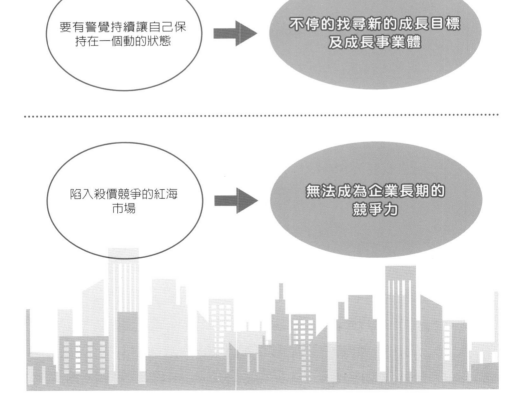

要有警覺持續讓自己保持在一個動的狀態　→　不停的找尋新的成長目標及成長事業體

陷入殺價競爭的紅海市場　→　無法成為企業長期的競爭力

Chapter **42**

SWOT經營分析

SWOT經營分析

一、何謂SWOT分析？

（一）企業界所謂的SWOT分析，就是指：公司有哪些優勢／劣勢的分析，以及公司面臨哪些外部環境的商機與威脅。

（二）　S　：Strength（優勢、強項）

　　　　W　：Weakness（劣勢、弱項）

　　　　O　：Opportunity（機會、商機）

　　　　T　：Threat（威脅、不利點）

（三）S／W：盤點自己公司的優劣勢及強弱項，以及如何發揮公司自己的優勢及強項，以贏得市場。

（四）O／T：公司應如何掌握外部環境的新商機、新機會點，以及如何避掉外部的威脅點及不利點。

圖42-1　何謂SWOT分析（之1）

內部環境
S：盤點公司的優勢及強項
W：分析公司的劣勢及弱項

＋

外部環境
O：掌握外部環境的機會
T：避掉外部環境的威脅

↓

・使企業能贏得市場
・使企業能掌握新契機

圖42-2　何謂SWOT分析（之2）

S（優勢）	W（劣勢）	O（商機）	T（威脅）
‧……	‧……	‧……	‧……
‧……	‧……	‧……	‧……

二、盤點公司優劣勢的面向

企業如何盤點公司有哪些優劣勢？主要可以從17個面向分析，如下列圖示：

圖42-3　盤點公司優劣勢的17個面向

1.人才面優劣勢	2.品牌面優劣勢	3.先入市場優劣勢
4.研發與技術優劣勢	5.設計面優劣勢	6.生產／製造面優劣勢
7.門市店數量優劣勢	8.物流中心優劣勢	9.規模經濟優劣勢
10.銷售人員面優劣勢	11.行銷宣傳面優劣勢	12.通路陳列優劣勢
13.市占率優劣勢	14.已上市櫃優劣勢	15.財務資金能力面優劣勢
16.全球化優劣勢	17.員工薪資福利優劣勢	

三、商機與威脅的面向

企業面對外部環境所產生的商機與威脅，主要有以下幾個面向，如下圖示：

圖42-4　商機與威脅面向

1.新技術商機與威脅。	2.新產品開發的商機與威脅。	3.新經營模式的商機與威脅。
4.新製造模式的商機與威脅。	5.新物流中心的商機與威脅。	6.新門市店型的商機與威脅。
7.新競爭者加入的商機與威脅。	8.新業務組織的商機與威脅。	9.新廣告媒體的商機與威脅。
10.新通路加入的商機與威脅。	11.新併購後的商機與威脅。	

四、如何抓住商機及避掉威脅？

具體來說，企業應該如何做，才能抓住商機及避掉威脅？主要有下述三種作法：

（一）成立專責部門及專責人員

企業內部組織，必須成立專責單位及專責人員負責；通常，大型企業組織內部都會設立「經營企劃部」或「企劃部」，成員以MBA企管碩士為主力，這些人員就是偵測、分析、洞悉、抓住外部環境變化的重要人員。

（二）每月提出一次SWOT分析報告

經營企劃部每個月都應該提出一次近期內的SWOT分析報告及對策建議，給所有公司一級主管聆聽、參考及討論之用。並請高階主管下決策及指示。

（三）來自老闆的經驗與直覺

最後，很多大公司且富有經驗的老闆們、董事長們，也會有自己的看法、意見、洞察及分析；然後，在每月一次的報告會議中，提出討論、指示與決定。

圖42-5　如何抓住商機與避掉威脅

1　成立專責部門及專責人員（由經營企劃部負責）。

2　每月提出一次SWOT分析報告及開會討論。

3　來自老闆的經驗與直覺，提出指示與討論。

Chapter 43

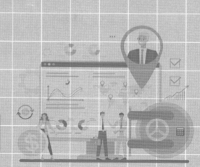

KPI與OKR

KPI與OKR

一、KPI與OKR是什麼？

（一）KPI：

KPI就是Key Performance Indicator關鍵績效指標的意思。

（二）OKR：

O：Objective（目標）

KR：Key Result（關鍵結果）

上述這二種方法，都是公司內部組織「績效管理」的制度，最終目的都是為了提高全體員工的績效成果，以及達成公司整體的績效目標。

圖43-1　KPI與OKR的目的

| KPI 關鍵績效指標 | V.S | OKR 達成關鍵目標成果 | ➡ | ・提高全體員工的績效成果 ・達成全公司的績效目標 ・增強公司對外整體競爭力 |

二、KPI的含括單位

KPI比較是從上而下的訂定，各部門、各單位、各員工都可能會有KPI指標，如下圖示：

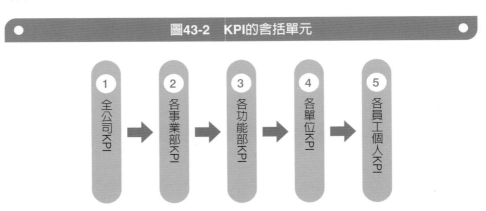

圖43-2　KPI的含括單元

1. 全公司KPI
2. 各事業部KPI
3. 各功能部KPI
4. 各單位KPI
5. 各員工個人KPI

三、**KPI**的指標有哪些？

KPI的執行指標，舉例如下：

（一）全公司指標

1. 營收額及其成長率　　　　2. 毛利額及其成長率

3. 獲利額及其成長率　　　　4. EPS及其成長率

5. ROE及其成長率　　　　　6. 企業總市值及其成長率

7. 股價及其成長率

（二）商品開發部

1. 既有產品改良數目　　　　2. 新產品開發數目

3. 既有產品降低成本比率

（三）門市店業務部

1. 門市店今年成長店數　　　2. 既有店營收成長率

3. 總來客數成長率　　　　　4. 平均客單價成長率

（四）人資部

1. 全年平均離職率　　　　　2. 全年受訓上課人數及小時數

（五）生產／製造部

1. 全年製造量及其成長率　　2. 全年產能利用率及其成長率

3. 全年製造良率

圖43-3　全公司KPI指標

1.全年營收額及其成長率	2.毛利率及其成長率	3.全年獲利額及其成長率	4.全年EPS及其成長率
5.全年ROE及其成長率	6.全年股價及其成長率	7.全年企業總市值及其成長率	

四、KPI制度執行注意五要素

企業在落實執行KPI績效制度時，必須注意五個要點，如下述：

（一）指標數字勿太高，也勿太低

執行KPI制度時，每個年度各部門及各個人的指標數字不能訂太高，達不到；也不能訂太低，太容易做到。

總之，KPI的數字，必須是

1.合理的。

2.可達成的。

3.有一些挑戰性的。

如此，才是KPI制度的本意。

（二）每月或每季要考核

KPI制度與數字達成狀況究竟如何？公司必須每個月或每一季要定期考核及追蹤檢討一下，了解達成狀況，並做機動調整策略及作法。每月或每季定期考核／追蹤，恰好也給全體員工適度的壓力，壓力能夠激發員工更大的潛能。

（三）納入年終獎金連動性

KPI制度要落實下去，則必須有獎有罰；也就是最好要與每年年終獎金的核定及發放，連動在一起，才會有激勵性；否則，KPI制度不會有效果。

（四）專責單位來負責

KPI制度的執行，必須指定一個專責單位來負責，包括人資部負責或稽核部負責都是可以的。有專責單位負責，就會形成組織內部的常態運作及執行。

（五）有考核，就有檢討及改善

KPI制度運作，不是只有考核及追蹤目標數字是否達成而已，而是針對一些沒有達成的單位／個人，提出一些具體改善、精進及調整的策略、方向、方案及作法，使每個單位／每一個人，都能不斷改善、不斷向前進步，以達成公司共同的大目標。

圖43-4　KPI制度執行注意5要素

1
指標數字訂定，勿太高、也勿太低。

2
每月或每季要考核追蹤。

3
納入年終獎金連動性。

4
由專責單位負責。

5
有考核，就有檢討、改善及精進。

LG化學公司執行長　申學哲

一、經營管理智慧金句

1. 在全球各大洲建設工廠，能立即滿足在地生產需求的合作夥伴，帶來時間及成本優勢。

2. 永遠要超前部署，確保未來充足的電池材料來源。

3. 布局國際市場，成為各大車廠不可或缺的夥伴。

4. 努力拼出B2B客戶想要的電池產品類型。

5. 做老二的，要急起直追領先者的領先技術。

二、圖示

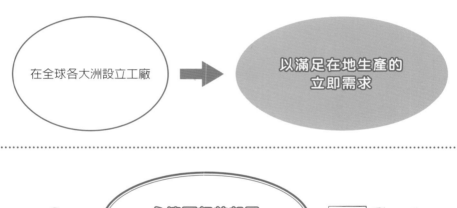

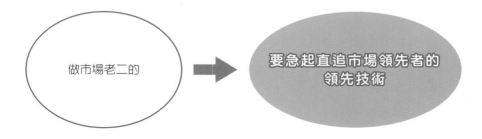

Chapter 44

廣告宣傳投放是必要的

廣告宣傳投放是必要的

一、什麼商品須要投放廣告？

只要是消費品或耐久性商品，都須要定期投放廣告，以保持它們的品牌資產價值。包括：

（一）消費品

例如：奶粉、食品、飲料、洗髮精、沐浴乳、牙膏、牙刷、衛生紙、餅乾、零食、泡麵、咖啡、衛生棉、醬油、大米、彩妝品、保養品……等。

（二）耐久品

例如：汽車、機車、冷氣機、冰箱、洗衣機、電腦、手機、空氣清淨機、照相機、電視機……等。

二、投放廣告的目的

企業投放廣告的目的有哪些？包括：

（一）為了打造及持續品牌的知名度、指名度、好感度、信賴度、忠誠度、黏著度及情感度。

（二）間接有助銷售業績的提升及穩固。

（三）為了增加品牌的曝光率。

（四）為了鞏固或提高市占率。

（五）為了提高企業整體的良好形象度。

圖44-1　品牌資產的內涵指標

1.品牌知名度	2.品牌指名度	3.品牌好感度	4.品牌信賴度

5.品牌忠誠度	6.品牌黏著度	7.品牌情感度

塑造出有形的品牌資產價值及品牌力量

三、國內前18名廣告量投放的品牌及公司名稱

國內比較知名且大量投放各種媒體廣告量的品牌及公司名稱，如下圖示：

1.三得利	2.和泰汽車	3.台灣花王	4.P&G公司
5.麥當勞	6.Panasonic家電	7.桂格	8.統一企業
9.全聯超市	10.統一超商	11.普拿疼	12.好來牙膏
13. 娘家保健生技	14.Unilever聯合利華公司	15.日立家電	16.光陽機車
17.味全公司	18.愛之味公司		

四、投放廣告宣傳的媒體有哪些？

投放廣告媒體有數位社群、電視、戶外、報紙、雜誌、廣播。各大品牌投放廣告宣傳的六大媒體配比，大致如下表所示：

圖44-2　國內六大媒體廣告量及占比

項次	廣告媒體	金額	占比
1	電視廣告	200億	39.5%
2	網路及行動數位廣告量	200億	39.5%
3	戶外廣告	30億	6%
4	報紙廣告	20億	4%
5	雜誌廣告	15億	3%
6	廣播廣告	40億	8%
	合計	505億	100%

依據2023年6月28日發布的年度「2022台灣數位廣告量統計數字」，整體市場規模已達589.59億元。

從上述年度廣告量及占比來看，可知道：

（一）主力媒體

電視、網路及行動數位為國內目前最重要的3大主力媒體，所獲廣告量高達80%之高。

（二）次要媒體

戶外廣告為次要媒體，包括：公司廣告、捷運廣告、戶外大型看板廣告、高鐵廣告、機場廣告等。

（三）輔助非必要媒體

報紙、雜誌、廣播廣告已淪落為非必要媒體廣告了。

Chapter **45**

企業願景

企業願景

一、企業願景是什麼？

企業願景（Corporate Vision）是指：「企業終極發展的理想目標及願望。」

| 案例1　台積電 | ▶ 邁向全球第一大先進晶片半導體研發／製造公司與領導品牌。 |

| 案例2　全聯超市 | ▶ 成為全台第一大超市及第一大零售業巨人公司。 |

| 案例3　統一企業 | ▶ 朝向台灣第一、世界一流的企業與品牌。 |

圖45-1　企業願景的意涵

企業願景
Corporate Vision

→

· 企業終極發展的理想目標及願望
· 企業打拼的終極之路

二、企業願景的四大功能

企業願景的制訂與努力追尋，可為企業帶來如下四大功能：

（一）可以做為激勵全體員工，努力邁向終極目標之強大持久性動力與動機。

（二）可以成為公司的長期發展最重要指標與方向。

（三）可以成為高階經營團隊重要的領導方針與策略指引。

（四）可以增強該公司的潛在市場競爭力及競爭優勢。

三、誰來制定企業願景？

企業願景的制定，主要由：1.高階管理團隊成員；2.經營企劃部主管。共同討論及擬定，然後提報董事會及董事長核定通過。

四、定期查核企業願景達成率

每年年終12月底，經營企劃部應定期查核企業願景達成的進度狀況；並與高階團隊討論及策訂未來應加強的方向與作法，以力求早日達成企業願景的終極目標。

企業經營管理必修45堂課圖示

結語：企業經營管理必修45堂課圖示

必修45堂課說明		分類
第1堂課	人才第一！得人才者，得天下！	人才及人資管理
第2堂課	快速應變	策略管理
第3堂課	以顧客為核心點，堅持顧客導向	行銷管理
第4堂課	組織要彈性化、敏捷化、機動化！不僵硬、不保守化！	組織管理
第5堂課	強大執行力	策略管理
第6堂課	預算管理制度	財務與資金
第7堂課	利潤中心（BU）制度	產業經營
第8堂課	企業應追求持續性成長策略	策略管理
第9堂課	持續創新！再創新！	創新管理
第10堂課	達成經濟規模化	產業經營
第11堂課	努力邁向IPO	產業經營
第12堂課	目標管理與數字管理	策略管理
第13堂課	強化核心能力與競爭優勢	策略管理
第14堂課	激勵全員	人才及人資管理
第15堂課	管理=科學+人性	人才及人資管理
第16堂課	遠見與前瞻	產業經營
第17堂課	CSR+ESG	產業經營
第18堂課	行銷致勝的4P/1S/1B/2C八項組合	行銷與業務管理
第19堂課	創造高附加價值（高值化經營）	產品及品牌管理
第20堂課	每月損益表分析	財務與資金
第21堂課	中長期戰略規劃（超前布局）（10年布局計劃）	策略管理
第22堂課	七大財務績效指標	財務與資金
第23堂課	外部環境分析與抓住趨勢變化／抓住新商機	策略管理

必修45堂課說明		分類
第24堂課	提高心占率與市占率，打造品牌資產價值	策略管理
第25堂課	團隊決策	人才及人資管理
第26堂課	專業人才+經營人才	人才及人資管理
第27堂課	不斷修正策略與作法，直到有效、成功	產業經營
第28堂課	否定現狀，不斷改革	產業經營
第29堂課	要強化長期觀點	產業經營
第30堂課	VOC：傾聽顧客聲音	行銷與業務管理
第31堂課	管理六大循環：O-S-P-D-C-A	產業經營
第32堂課	居安思危，保持危機意識	危機管理
第33堂課	求新、求變、求快、求更好	行銷與業務管理
第34堂課	暢銷產品的五個值	行銷與業務管理
第35堂課	誠信、正派經營	產業經營
第36堂課	留住優秀好人才	人才及人資管理
第37堂課	打造學習型組織，全體員工要終身學習	人才及人資管理
第38堂課	差異化策略與獨特銷售賣點	行銷與業務管理
第39堂課	開源與節流	財務與資金
第40堂課	鎖定強項，專注一個行業	產業經營
第41堂課	成為優秀人才七要素	人才及人資管理
第42堂課	SWOT經營分析	產業經營
第43堂課	KPI與OKR	產業經營
第44堂課	廣告宣傳投放是必要的	行銷與業務管理
第45堂課	企業願景	產業經營

MEMO

第二篇
企業經營管理最新發展趨勢及優秀高階領導人經營管理智慧金句

Chapter 1

企業經營管理最新發展趨勢

1-1 公司經營基盤與公司價值鏈

一、何謂公司「經營基盤」？6大資本基盤項目？

所謂公司「經營基盤」（Business Basic），就是指成就公司營運成功的最根基的盤底及經營資源。如果這個資源及基盤是很鞏固的、很有競爭力的、很有實力的、很耐用的、很有高附加價值的、很有累積性的，那麼企業就不怕任何競爭對手，也不怕環境如何變化及不利改變。

「經營基盤」日本大企業習慣把它們稱為「資本項目」，包括下列6大項目：

1.人才資本（Talent Capital）。

2.財務資本（Finance Capital）。

3.製造資本（Manufacture Capital）。

4.R&D研發與IP智慧財產權資本（R&D, Intellectual Property Capital）。

5.社會關係資本（Social Relation Capital）。

6.全球化網路資本（Global Network Capital）。

二、何謂公司「價值鏈」？

如圖所示，公司「價值鏈」（Value Chain）就是指：公司在日常營運過程中，可以產出更高價值的地方。整個公司「價值鏈」又可區分為兩大部分：

(一)主力營運活動部門價值

包括從：研發／技術→設計→採購→製造→品管→物流→行銷與銷售→售後服務→會員經營→ESG等十個單位部門。這十個部門的通力合作，才能產出更好的產品及服務出來，也才能賣掉產品，取得銷售收入。

(二)幕僚支援部門價值

包括：財會、資訊、人資、企劃、法務、稽核、總務、股務、特助群等九個部門，所提供第一線營運單位的各種幕僚支援工作與功能性工作。

總之，透過這兩大類各部門的團隊合作，才能產出公司的營收及利潤出來；所以，這兩大類部門就是公司非常重要的「價值鏈」各種環節所在。公司要努力的就是如何提高、提升及強化這些「高附加價值」（High Value Added）的產

出，也是最大的核心所在。

三、公司「經營基盤」+公司「價值鏈」＝公司總體強大競爭力

如果能夠結合公司6項堅實的「經營基盤」，加上公司兩大類「價值鏈」，必然會產生出「公司總體強大競爭力」而所向無敵了。

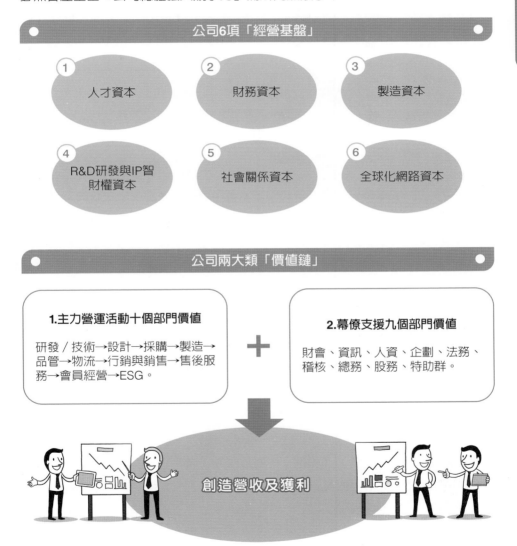

公司6項「經營基盤」

| ① 人才資本 | ② 財務資本 | ③ 製造資本 |
| ④ R&D研發與IP智財權資本 | ⑤ 社會關係資本 | ⑥ 全球化網路資本 |

公司兩大類「價值鏈」

1.主力營運活動十個部門價值

研發／技術→設計→採購→製造→品管→物流→行銷與銷售→售後服務→會員經營→ESG。

＋

2.幕僚支援九個部門價值

財會、資訊、人資、企劃、法務、稽核、總務、股務、特助群。

創造營收及獲利

一、何謂CSV企業？

所謂CSV（Creating Shared Value）企業，即是「創造共享價值」的企業，亦指企業不應只是為了企業自身的經濟價值及獲利價值，而更要去負擔「社會面」的經濟價值才行。

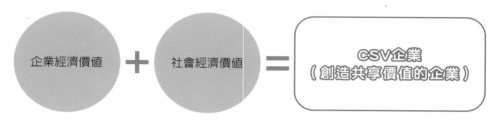

企業經濟價值　＋　社會經濟價值　＝　CSV企業（創造共享價值的企業）

所以，CSV企業除了要獲利賺錢回饋給董事會、大眾股東及全體員工之外，更要以具體行動回饋給社會全體，包括：救助弱勢團體、偏鄉原住民、基金會捐款、獨居老人、罕見疾病、學校獎學金、藝文活動、環保活動、節能減碳、員工捐血……等，各相關活動的贊助及大力協助。

二、何謂CSR企業？

CSR（Corporate Social Responsibility）即是「企業社會責任」，所謂「CSR企業」是指「能夠善盡企業社會責任的企業」。所以「CSR企業」與「CSV企業」是有點類似的，只是英文的說法不太一樣而已。

「CSR企業」的說法主要是針對歐、美、日大企業，認為在「資本主義」優勝劣敗的淘汰中，企業規模日益擴大，而貧富差距日益擴大，富者愈富，窮者愈窮。因此有「慈悲資本主義」的呼聲，希望這些歐、美、日超大型企業，能夠「取之社會，用之於社會」，多做一些對社會孤、老、病、弱、窮的族群，給予一些實質物質上及經濟上的幫助。

CSV企業：創造共享價值的企業

CSV企業
→**Creating Shared Value**
→創造共享價值的企業

共享

企業經濟價值
（企業獲利賺錢）

＋

社會經濟價值
（回饋社會）
（企業社會責任）

CSR企業：善盡企業社會責任的企業

CSR企業
→**Corporate Social Responsibility**

→贊助各種孤、老、病、弱、窮的族群
→取之社會，用之於社會
→做好環保責任

1-3 企業成長戰略的作法與面向

一、企業成長戰略的11種方法

任何企業都是一直追求成長性的成長需求，才能維持它的股價及競爭力，所以成長戰略就變成企業非常重要的根本、根基。而企業追求成長戰略的方法和做法，有如下11種：

(一)購併／收購成長戰略

例如：

1.全聯超市收購大潤發量販店。

2.統一企業收購家樂福量販店。

3.富邦銀行收購台北銀行。

4.國泰銀行收購世華銀行。

5.鴻海公司收購很多高科技公司。

(二)加速展店成長戰略

例如：

1.全聯加速展店到1,200店。

2.統一7-11加速展店到6,800店。

3.王品加速展店到320店。

4.寶雅加速展店到400店。

5.大樹藥局加速展店到260店。

(三)多品牌成長戰略

例如：

1.王品餐飲：25個餐飲品牌之多。

2.和泰TOYOTA汽車：10多個汽車品牌。

3.瓦城餐飲：7個餐飲品牌。

4.P&G洗髮精：4個品牌。

5.統一企業：10個泡麵品牌及6個茶飲料品牌。

6.聯合利華洗髮精：4個品牌。

(四)多角化成長戰略

例如：

1. 遠東集團：水泥、航運、化工、紡織、電信、零售、百貨公司、銀行、大飯店等。

2. 富邦集團：銀行、證券、保險、電信、電商、有線電視等。

(五)全球化布局成長戰略

例如：

1. 台積電：在美國、日本（熊本）、德國、中國均設立晶片半導體製造工廠。

2. 鴻海集團：在中國（鄭州、深圳）、印度、越南、泰國、墨西哥、歐洲等10多個國家地區均設有製造工廠。

(六)一條龍營運成長戰略

例如：

1. 宏寬展演公司：從表演團體代理引進網路售票、行銷宣傳、現場搭景布置，也是一條龍作業。

2. 葡萄王公司：益生菌從研發、製造、銷售、服務，均是一條龍作業。

(七)擴增國內製造工廠成長戰略

例如：台積電從竹科、中科（台中）、南科（台南）、高雄等四個據點，不斷擴增國內製造工廠。

(八)既有事業深耕、擴張成長戰略

例如：

1. 統一企業：在本業食品及飲料上，不斷深耕產品別及新品牌別的擴大成長。

2. 遠東零售集團：在零售本業上不斷深耕及擴張SOGO百貨及遠東百貨經營。

(九)新事業開拓成長戰略

統一超商除了7-11超商本業外，也積極開拓新事業，例如：星巴克、康是美、聖娜麵包、多拿滋甜甜圈、博客來網購、菲律賓7-11、中國7-11等新領域事業擴展。

(十)新車型成長戰略

例如:和泰TOYOTA汽車,近十多年來,每兩年推出新車型,包括VIOS、ALTIS、Camry、 Cross、Yaris、Corolla、Prius、Sienta、Wish、YARiS Crown、Alphard、Century、RAV4等近一、二十款新車型,帶動每年業績成長。

(十一)自有品牌成長戰略

例如:

1.統一超商:i-Select、Unidesign、7-11、星級饗宴、CITY CAFE、City prima、City tea、City珍奶等。

2.全聯超市:美味屋、We Sweet甜點、阪急麵包等。

二、企業全方位戰略的面向與範圍

計有10大面向與範圍,1.成長經營戰略;2.人才戰略;3.財務戰略;4.技術／研發戰略;5.行銷／銷售戰略;6.品牌戰略;7.產品戰略;8.物流戰略;9.全球化戰略;10.展店戰略。

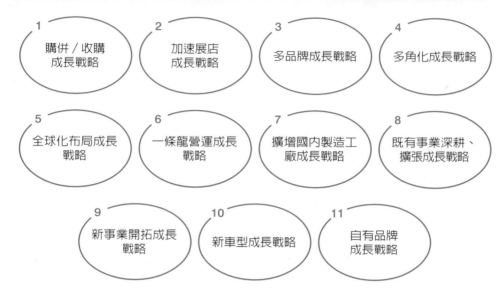

企業成長戰略的11種方法

1 購併／收購成長戰略

2 加速展店成長戰略

3 多品牌成長戰略

4 多角化成長戰略

5 全球化布局成長戰略

6 一條龍營運成長戰略

7 擴增國內製造工廠成長戰略

8 既有事業深耕、擴張成長戰略

9 新事業開拓成長戰略

10 新車型成長戰略

11 自有品牌成長戰略

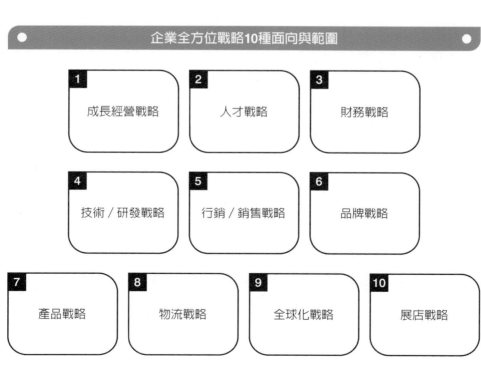

企業全方位戰略10種面向與範圍

1 成長經營戰略

2 人才戰略

3 財務戰略

4 技術／研發戰略

5 行銷／銷售戰略

6 品牌戰略

7 產品戰略

8 物流戰略

9 全球化戰略

10 展店戰略

1-4　人才戰略管理最新趨勢概述

一、何謂「EDI」？

近年來，日本各大企業在「人才戰略管理」上，推動最積極的就是「EDI」事項了。何謂「EDI」呢？如下述：

1. E：Equity，意指人才必須平等化、公平化、公正化；即不管是任何國籍、年齡、性別、年資、宗教或種族，都能加以平等化對待。
2. D：Diversity，意指人才多樣化、多元化、多價值觀化、多技術化。
3. I：inclusion，意指對人才要包容性及共融化。

能做好上述三項，就能做好人資的工作了。

二、何謂「經營型人才」培育？

在日本上市大型企業公司中，對於各階層的教育訓練及培育人才計劃，最看重的就是對「經營型人才」的育成了。所謂「經營型人才」係指：

1. 能為公司賺錢、獲利的人才。
2. 屬於高階幹部人才。
3. 能具創造力及創新力的人才。
4. 能具挑戰心的人才。
5. 是未來高階總經理、高階執行長、高階營運長的最佳儲備人員。
6. 能創造出賺錢的新事業或新事業模式。
7. 具有領導力、管理力、前瞻力的領導性人才。

三、個人能力＋組織能力，兩者並重

第三個人資最新趨勢就是公司對於人才能力的養成及強大，必須兩者並重齊發，亦即：

1. 員工個人能力的強大發揮。
2. 公司各部門、各工廠、各中心組織能力的強大發揮。

如果能夠結合「個人能力＋組織能力」，那將是全公司戰鬥力與競爭力的最大發揮，公司必會成功經營。

　　1.個人能力之英文：Personal Capability。

　　2.組織能力之英文：Organizational Capacity。

四、員工參與感提升(Engagement)

　　日本上市大型公司最近也很重視員工對公司經營的「參與感受」，每年經常作這方面的員工調查。平均參與感的好感度約在70%～75%之間，即每10個員工中有7個員工對參與公司經營的好感度。此調查係指，當員工對公司經營的參與感、參與度比例越高時，代表員工對融入公司、願與公司一起打拼的動機就越高，所發揮的潛能就愈大，最終對公司壯大的好處，也會貢獻更多。

五、職場環境及員工健康／安全的改善、改良

　　最後一個人資新趨勢，就是近幾年來國內外各大企業越來越重視：1.職場環境／工作環境的改良、改善；2.員工健康及工作安全的加強；3.對員工人權的重視。

何謂人資「EDI」

1. E：Equity
→人才平等化、公平化、公正化。

2. D：Diversity
→人才多樣化、多元化、多價值觀化、多技術化。

3. I：Inclusion
→人才要包容性及共融化。

何謂經營型人才培育

1.能為公司賺錢、獲利的人才。

2.能具創造力及創新力的人才。

3.能創造出新事業模式的人才。

4.具有高階領導力、管理力、前瞻力的人才。

5.具挑戰未來高遠目標的人才。

6.具未來高階經理人員、執行長、營運長的儲備人才。

7.是高瞻遠矚及洞悉未來的人才。

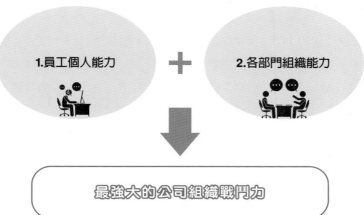

個人能力＋組織能力，兩者並重齊發

1.員工個人能力

＋

2.各部門組織能力

最強大的公司組織戰鬥力

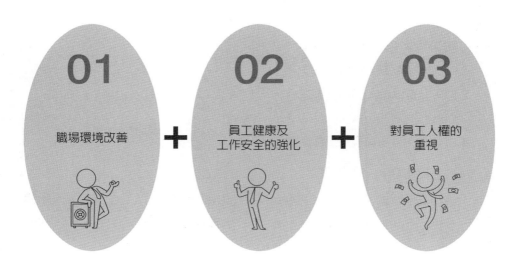

公司職場環境改善、改良

01

職場環境改善

＋

02

員工健康及
工作安全的強化

＋

03

對員工人權的
重視

1-5 ESG實踐與公司永續經營

一、何謂「ESG」實踐？

近幾年來，全球各大企業都在做的一件事，那就是做好「ESG」的實踐。何謂「ESG」，如下述：

1. E：Environment，指環境保護，做好環保工作、做好淨零排碳、節能減碳及減塑工作等。
2. S：Social，指做好企業社會責任、做好回饋社會、回饋社區、回饋弱勢族群贊助的工作。
3. G：Governance，指做好公司治理、做好公開透明化經營、做好正派經營、做好無私無我經營。

如果各大上市櫃公司都能落實「ESG」經營，那麼公司的股票就會受到國內外大型基金的投資，股票價格也會上漲。

二、何謂「永續經營」？(Sustainable Business)

現在企業都流行「永續經營」，也可視為是「ESG」的永續經營，所以「ESG」等於永續經營的意思。現在永續經營受到極高重視，各大上市公司都要用心在「永續經營」上面，才能符合政府金管會的法規要求。就永續經營的內涵來看，就是企業必須做好下列事項：

1. 做好環境保護、淨零排碳工作。
2. 做好社會關懷、回饋社會工作。
3. 做好公司治理工作。
4. 做好高階董事會職責工作。

三、設立「CSO」（永續長）

有些國內外大型公司，甚至還成立兩個單位：1.「CSO」（永續長）：Chief-Sustainability Officer；2.「永續經營委員會」：Sustainability Committee。這兩個單位是專責公司長期永續工作的推動及監督。

四、有能力、敢說真話的「董事會」

在「永續經營」的實踐上，有一個重要的關鍵處，就是最高階的權力單位「董事會」。過去不少公司的「董事會」並沒有發揮應有的把關及監督的責任，甚至很多外部「獨立董事」（獨董）也沒有盡到應有責任，只會享獨董的高薪、高報酬而已。

董事會的應盡責任就是：

1.要有能力。

2.要敢講真話。

3.要做好監督。

4.要敢對公司高層戰略做出討論及決議。

5.要無私無我。

6.不能圖利自己、拿高薪、高報酬。

五、EPS+ESG並重

過去企業重視的是：每年獲利的成長、每年EPS（每股盈餘）的成長；但如今企業必須兼顧做好ESG。故有人稱為EPS+ESG並重時代來臨。

何謂「ESG」?

E：Environment
→環境保護→淨零排碳
→節能減碳／減塑

S：Social
→社會關懷→社會贊助弱勢
→回饋社會

G：Governance
→公司治理→公正、透明、
正派、無私無我經營

何謂「永續經營」?

公司設立
CSO（永續長）
永續經營委員會

→Sustainable Business
→永續經營
→長期經營

維護大眾股東、全體員工及整體社會的權益

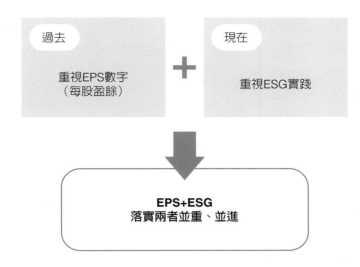

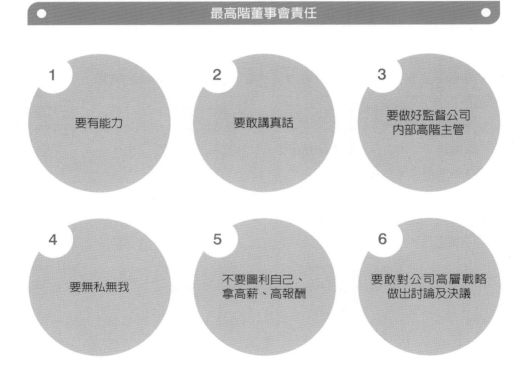

一、企業最終經營績效七指標

企業經營的各部門、各工廠都有他們的經營績效指標；但歸結到最後，企業比拼的就是下列七大指標：

1.營收額及其成長率。

2.獲利額及獲利成長率。

3.EPS（每股盈餘多少及其成長率）。

4.ROE（股東權益報酬率）。

5.毛利率及其成長率。

6.公司股價。

7.公司總市值。

從上述指標來看，營收額及獲利額（率），應該是最重要的二個核心指標。所以每家公司每個年度都在追求營收及獲利的「成長型」經營成果。只要這二個核心指標做不好，其各項指標就不會好了。

二、何謂「三率三升」？

所謂「三率三升」的企業，就是好企業、優良企業，因此這三率，指的就是損益表中的下列三個比率：

1.毛利率上升。

2.營業淨利率上升（即本業的淨利率上升）。

3.稅前獲利率上升。

能夠不斷獲得「三率三升」的企業，代表它的市場競爭力強大、先進技術力領先、人才力豐沛、財務力堅實、產品力有好口碑。並獲得顧客信賴性，才會有此「三率三升」的佳績。

企業最終經營績效七大指標

1.營收額及
其成長率

2.獲利額及
獲利成長率

3.EPS及其成長率

4.ROE及其成長率

5.毛利率及其成長率

6.公司股價

7.公司總市值

「三率三升」優良企業

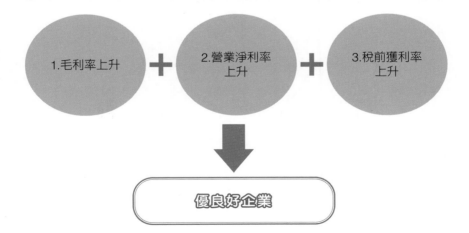

1.毛利率上升 **+** 2.營業淨利率
上升 **+** 3.稅前獲利率
上升

優良好企業

很多日本上市大企業在他們的「統合報告書」（即台灣上市公司的年報）中，經常提到公司經營致勝要靠強大的兩大支柱。

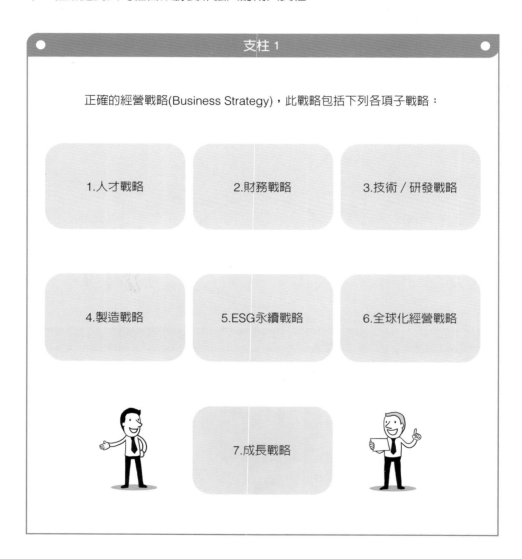

支柱 1

正確的經營戰略(Business Strategy)，此戰略包括下列各項子戰略：

1.人才戰略

2.財務戰略

3.技術／研發戰略

4.製造戰略

5.ESG永續戰略

6.全球化經營戰略

7.成長戰略

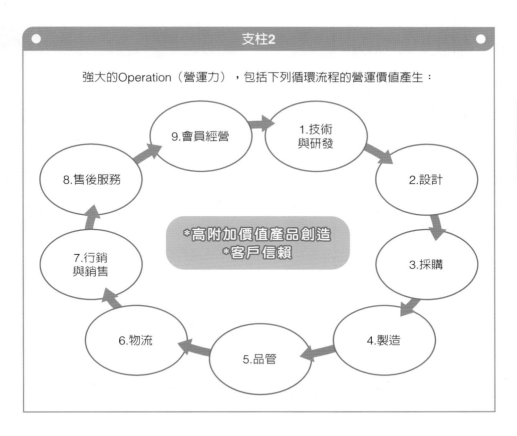

強大的Operation（營運力），包括下列循環流程的營運價值產生：

- 9.會員經營
- 1.技術與研發
- 2.設計
- 3.採購
- 4.製造
- 5.品管
- 6.物流
- 7.行銷與銷售
- 8.售後服務

*高附加價值產品創造
*客戶信賴

總結來說，即是兩大支柱的全力發揮及持續壯大：

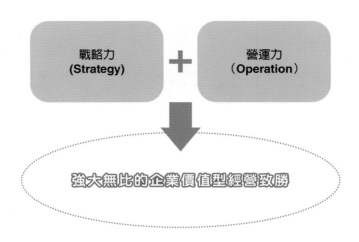

戰略力
(Strategy)

＋

營運力
（Operation）

強大無比的企業價值型經營致勝

1-8　何謂兩利企業？

一、兩利企業的意涵

在日本上市大型公司每年的「統合報告書」（年報）中，經常出現他們追求的是「兩利企業」的成長型企業。此「兩利企業」的意涵，即指公司必須在兩大領域中，同時追求並進式的成長戰略。

1.在既有事業領域，持續追求深耕市場並擴大市場的成長。

2.在新事業領域中，也要加速去探索、去規劃、去開拓出來新的事業營收及獲利來源的成長。

所以「兩利企業」就是指追求「雙成長」的企業經營模式。

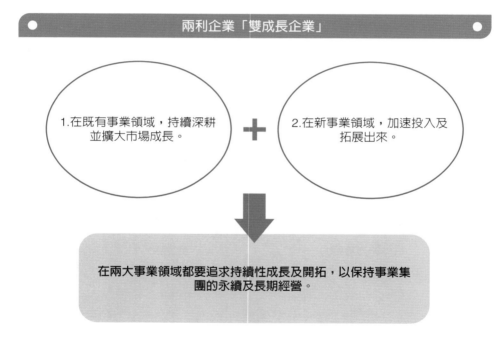

兩利企業「雙成長企業」

1.在既有事業領域，持續深耕並擴大市場成長。

＋

2.在新事業領域，加速投入及拓展出來。

在兩大事業領域都要追求持續性成長及開拓，以保持事業集團的永續及長期經營。

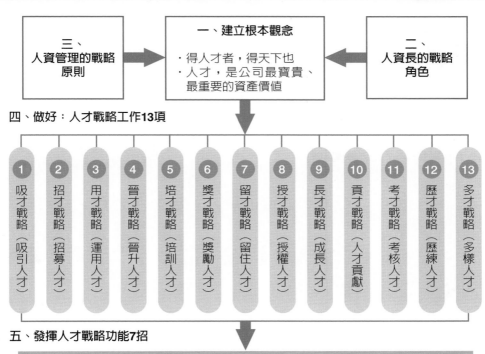

| 三、人資管理的戰略原則 | → | 一、建立根本觀念
·得人才者，得天下也
·人才，是公司最寶貴、最重要的資產價值 | ← | 二、人資長的戰略角色 |

四、做好：人才戰略工作13項

| ① 吸才戰略（吸引人才） | ② 招才戰略（招募人才） | ③ 用才戰略（運用人才） | ④ 晉才戰略（晉升人才） | ⑤ 培才戰略（培訓人才） | ⑥ 獎才戰略（獎勵人才） | ⑦ 留才戰略（留住人才） | ⑧ 授才戰略（授權人才） | ⑨ 長才戰略（成長人才） | ⑩ 貢才戰略（人才貢獻） | ⑪ 考才戰略（考核人才） | ⑫ 歷才戰略（歷練人才） | ⑬ 多才戰略（多樣人才） |

五、發揮人才戰略功能7招

| 1.
職場與工作環境不斷改善及優化 | 2.
優良企業文化、組織文化的型塑 | 3.
員工健康、安全、友善的促進 | 4.
每位員工不斷成長、進步、潛能最大發揮 | 5.
個人能力與組織能力並進，團隊合作 | 6.
人事戰略與經營戰略的密切配合及連結性 | 7.
人事制度不斷改革、變革 |

六、人才戰略的最終好成果

1.不斷創造公司、集團最高新價值。
2.保持公司營收及獲利的不斷成長，邁向永續經營。
3.不斷深化公司核心能力(Core-Competence)與競爭優勢(Competitive Advantage)。
4.累積公司更大競爭實力。
5.保持產業領先地位與市場領導品牌。
6.開拓未來十年中長期事業版圖的不斷擴張及延伸，壯大事業永續經營。
7.實踐公司、集團最終企業願景。

一、
面對外部大環境變化與趨勢的分析，掌握與應變創新

→

二、
經營戰略創新

- 1.公司既有事業深耕、壯大創新
- 2.多樣化、多角化新事業開拓創新
- 3.全球布局創新
- 4.十年布局計劃創新
- 5.十年成長戰略規劃創新

三、日常營運活動創新
（公司價值鏈創新）
（營運力創新）

12	11	10	9	8	7	6	5	4	3	2	1
海外公司創新	ESG創新	服務創新	銷售創新	行銷創新	物流創新	製造創新	採購創新	設計創新	商品開發創新	技術創新	研發創新

四、幕僚支援創新
（功能型價值創新）

8	7	6	5	4	3	2	1
專案創新	總務創新	稽核創新	企劃創新	法務(IP)創新	資訊創新	財務創新	人才創新

五、創新的企業文化、領導、管理、考核與獎勵

六、人才資本創新

七、顧客及客戶創新

八、創新10原則
1.快速；2.敏捷；
3.彈性；4.靈活；
5.改革；6.變革；
7.全新；8.機動；
9.主動；10.計劃性與目標性

九、量的創新與質的創新
1.量：數量上的創新
2.質：品質、質感上創新

十、創新績效總成果指標（14項主力指標）
1.營收額成長　　　　　　　　2.獲利額成長
3.毛利率成長　　　　　　　　4.EPS成長
5.ROE成長　　　　　　　　　6.國內外市占率成長
7.品牌排名成長　　　　　　　8.產業地位成長
9.全球技術領先地位　　　　　10.集團事業版圖擴張成長
11.公司總體價值提升、成長　　12.企業市值成長
13.企業總體競爭力提升　　　　14.企業永續經營

Chapter 2

優秀高階領導人經營管理智慧金句

第1位　薛長興集團董事長　薛敏誠

一、經營管理智慧金句

1. 挑最困難事情做，讓競爭對手永遠趕不上。
2. 憑藉著持續研發及掌握技術原料，累積了難以超越的成長動能。
3. 只要您敢學，新的事情，終究難不倒你。
4. 自學研發關鍵材料，取得技術及成本優勢。
5. 研發經費無上限。
6. 對客戶好，一定是建立在誠信原則上。
7. 我們做生意，絕對不貪利，只要足夠利潤，能夠發展及照顧員工就好。
8. 生意想長長久久，永遠要以客為尊。
9. 把員工當家人看，他們也會回報你。
10. 能夠自己做的東西，不要請人代工。

二、圖示

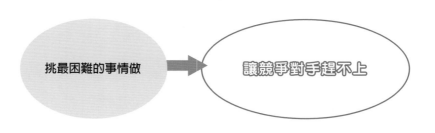

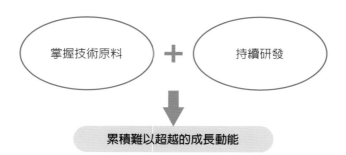

一、經營管理智慧金句

1. 我們創業的DNA，就是：堅守技術。

2. 我們只用開發獨特產品好原則。

3. 因為堅守與眾不同，讓村田每年營收中約三分之一都來自新產品研發，投資研發金額也占營收的7%左右。

4. 現在全球市占率第一的產品，都經過十年以上的研發努力。

5. 我們能夠加快腳步，接近市場變化，仍是回歸原點，即充分對部屬授權。

6. 我們能夠提早一步抓住市場趨勢，抓準時機投資生產，均歸功於對市場保持敏銳的情報力。

7. 社長要有一種意識，就是如何發揮員工的主動性、創造性、聰明才智及挑戰精神。

8. 我們最重視的，就是技術人員的好奇心，以及重視現場改善能力的企業文化。

9. 我們敢於讓第一線的人做決定，才能因應快速變化的市場。

二、圖示

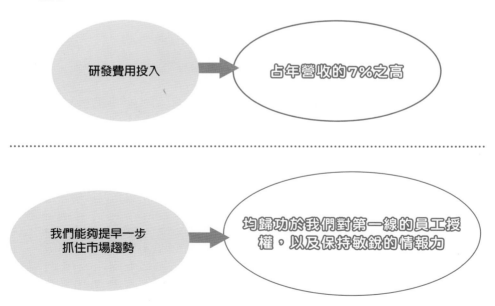

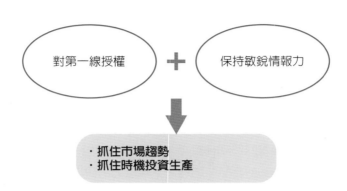

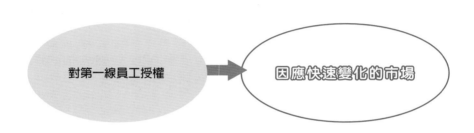

第3位　World Gym健身中心台灣區總裁 柯約翰

一、經營管理智慧金句

1. 我們最大的敵人，就是自己。

2. 我們跟其他業者不同的地方，就是：持續創新。

3. 我們用國際化專業訓練，提升服務品質，以增加會員忠誠度。

二、圖示

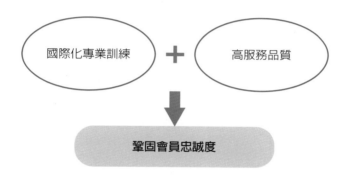

第4位　華新醫材集團董事長　鄭永柱

一、經營管理智慧金句

1. 創新與差異化才能勝出，也才能在激烈的市場競爭中存活下去。

2. 未來會持續研發不同類型口罩，同時加速去年落成的新廠興建，增加產出。不一定要做到第一，但要做到全世界獨一無二。

二、圖示

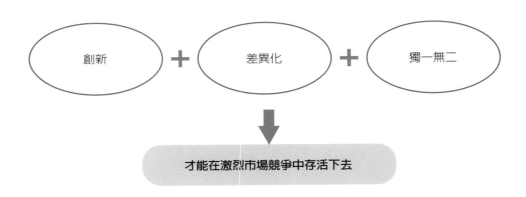

創新　＋　差異化　＋　獨一無二

↓

才能在激烈市場競爭中存活下去

第5位　台達電執行長　鄭平

一、經營管理智慧金句

　　1. 一旦決定目標，就要堅持到底；走過轉型陣痛期，直到成功為止。

　　2. 每年提撥營收8%，投入創新研發，才有未來成長動能。

二、圖示

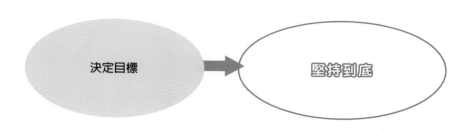

決定目標　→　堅持到底

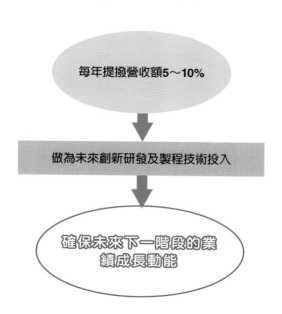

每年提撥營收額5～10%

↓

做為未來創新研發及製程技術投入

↓

確保未來下一階段的業績成長動能

第6位　新光鋼鐵公司董事長　栗明德

一、經營管理智慧金句

1. 公司要不斷成長，人才才不會擠在一起；每個人也能因才適用。

2. 跳脫殺價戰，穩定供貨，加值服務。

3. 只要人放對位置，因才適用，年輕人比自己還厲害。

4. 我們的變革都是走利潤中心制度，類似內部創業，也儘量授權。

5. 轉型與創新，已成為我們企業的DNA。

二、圖示

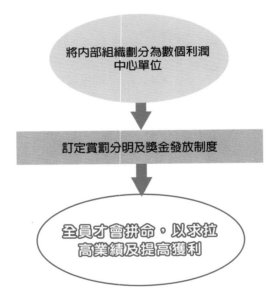

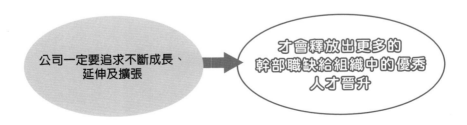

一、經營管理智慧金句

1. 我覺得對一個公司，價值觀、願景及策略是三個非常重要的要件。

2. 台積電有兩個重要的策略，一是滿足客戶的需求；二是讓台積電成為市場及服務為導向的企業。

二、圖示

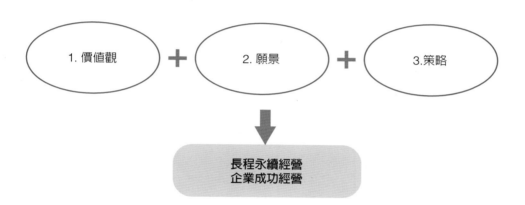

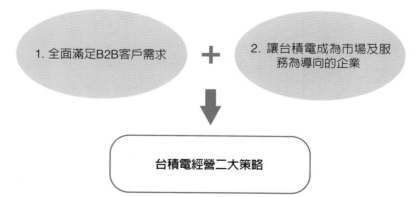

一、經營管理智慧金句

　　1. 無論商業模式如何進化，好市多不變的核心，仍是讓顧客感到物超所值。

　　2. 好市多幾乎比所有人都更懂得如何提供、提高價值。

二、圖示

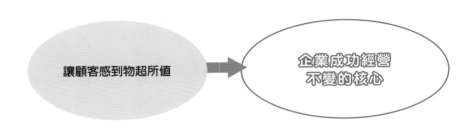

第9位 momo富邦媒體科技公司總經理 穀元宏

一、經營管理智慧金句

1. momo達到了一個很重要的經濟規模，集結商品力、物流力、科技力，發揮了整合綜效。

2. 從顧客角度看，momo的成功核心，就是我們的產品是物美價廉的。

3. 企業應將工作重點轉向創造新的需求及價值，而不是一味的削減成本，好讓利潤增長空間變大。

二、圖示

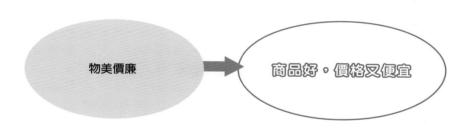

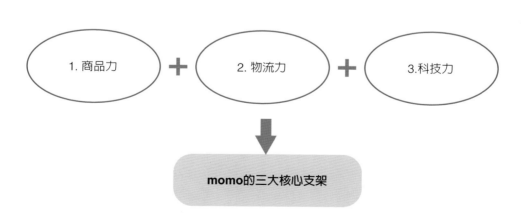

第10位 美國亞馬遜（Amazon）創辦人 貝佐斯（Jeff Bezos）

一、經營管理智慧金句

1. 發明及創造是所有真正價值創造的根源，價值就是創新的衡量標準。

2. 我承諾，我們將成為地球上最好的雇主及地球上最安全旳工作場所。

二、圖示

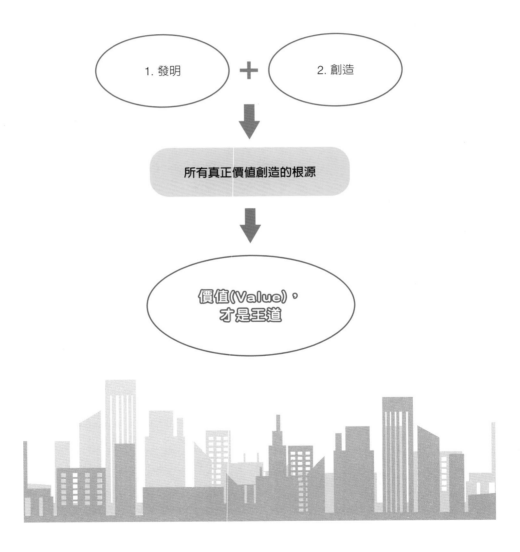

第11位　光寶科技公司總經理 邱森彬

一、經營管理智慧金句

1. 我知道我們輸在哪裡，也會從這裡站起來。

2. 我們已將眼光放遠，投入研發與創新。

3. 放膽投入研發，以創新一搏未來財。

4. 員工要養成當責，找成果的工作心態。

5. 公司內部要有互助的利他精神，團體作戰。

二、圖示

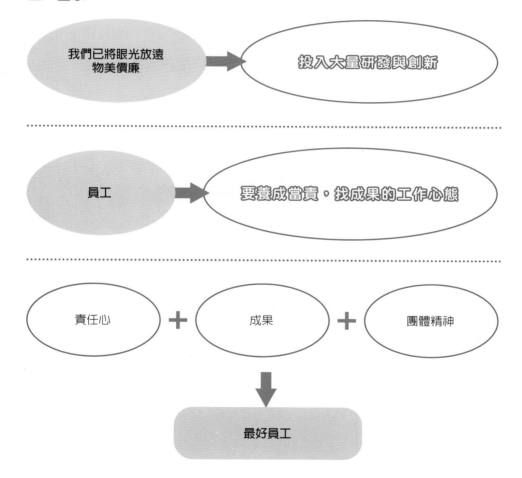

一、經營管理智慧金句

1. 搶人才，員工全體配股，同仁都是公司股東的話，就等於同仁也是公司擁有者，工作就是成就自己的事業。
2. 員工配發股票，有利於招募且留下優秀員工。
3. 力智要走中高階路線，並且專心把一件事情做到最好。
4. 對陣國外大廠，拼成本、交期及服務。

二、圖示

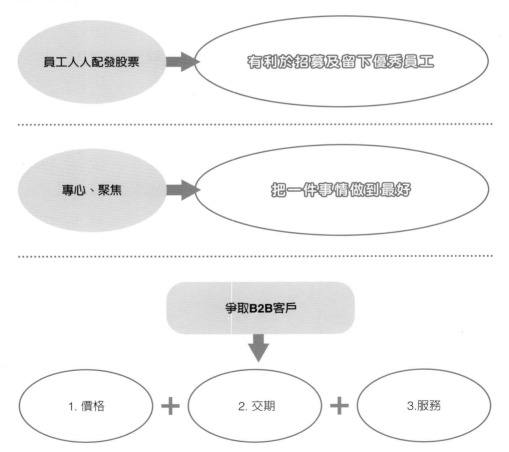

第13位　ikala公司創辦人兼執行長　程世嘉

一、經營管理智慧金句

1. 目前經營的主要挑戰，是人才；如何吸引人才及留住人才，是現在全世界企業面臨的挑戰。

2. 人才，是一家公司的基礎，所以，一直都要非常重視人才，尤其，核心團隊要一直都在。

3. 我的核心概念，就是把人才當成客戶來經營，要提供各種激勵與獎勵行動，以吸引人才為公司效力。

4. 我們的企業文化，就是用人唯才的文化。

5. 選才、用才、育才、晉才、留才的五大工作任務，要每樣都做好它。

二、圖示

目前經營的主要挑戰 → ・就是人才
・如何吸引好人才及留住好人才

第14位 台畜公司副董事長 張華欣

一、經營管理智慧金句

1.建立定期調薪規則，引進完整的KPI制度，並獎勵外語及專業人才及鼓勵員工學習。

2.董事長只要設立好公司的目標及方向，然後授權給部屬去執行。

3.做行銷，一定要傾聽市場及消費者需求，並找回他們對台畜公司的信賴。

4.必須靈活配合客戶，跟上市場，正是台畜營收大躍進關鍵。

二、圖示

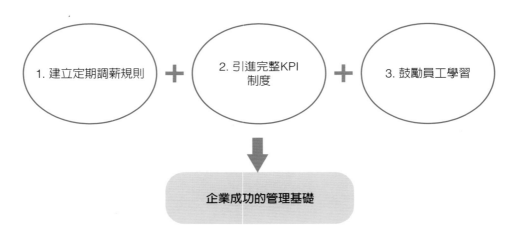

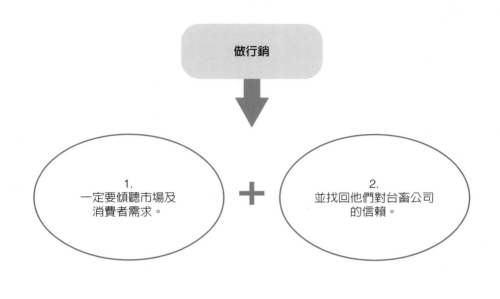

做行銷

1.
一定要傾聽市場及
消費者需求。

+

2.
並找回他們對台畜公司
的信賴。

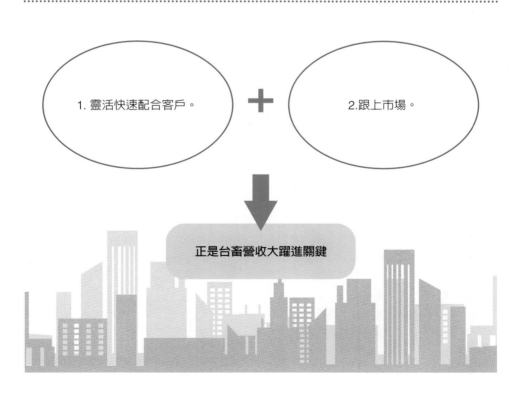

1. 靈活快速配合客戶。

+

2.跟上市場。

正是台畜營收大躍進關鍵

第15位　中鋼公司董事長 翁朝棟

一、經營管理智慧金句

1. 中鋼的關鍵策略，就是朝高值化精緻鋼廠，如果中鋼是一般品級鋼品，一定得跟大陸、跟東南亞鋼廠對打；如果中鋼賣高價位、高獲利的高品級精緻鋼品，就有市場區隔。往高值化走，中鋼賺的錢就不會受到景氣波動影響。

2. 在最好的時機，更要提前為不好的時間做準備。

3. 全公司生產部門全面盤點，今年一定要把智慧製造導入所有生產線。

二、圖示

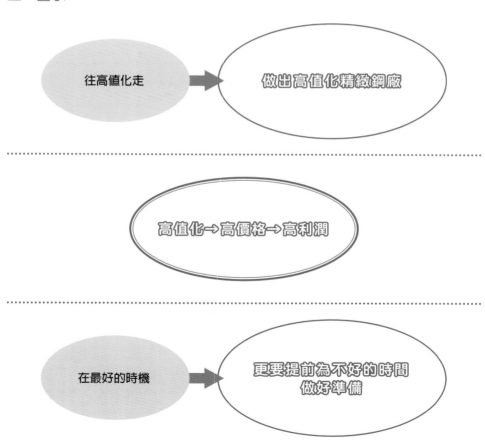

第16位　匯僑室內設計公司董事長　王秀卿

一、經營管理智慧金句

1. 匯僑很早就訂立SOP，從事前的情報搜集到設計、生產、工程管理，甚至到完工後的售後服務，都有標準作業流程。

2. 設計這行，有創意的人多，有紀律的人少，唯有堅持有紀律的創意，才能成功。

3. 我們靠的始終是人，因此，如何用人、鍛鍊人，是我們最重要的事。

4. 沒有人才，我什麼都不能做。

5. 鍛鍊人才不容易，留人才更難，這也是我們要股票上市的主因。

二、圖示

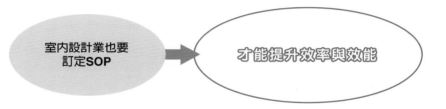

第17位　喬山健康科技公司總經理　羅光廷

一、經營管理智慧金句

　　公司之所以能逐步成長，依靠的就是團隊；目前全球各區總經理，近五成是我當年親自招募，從基層一步步養成的。

二、圖示

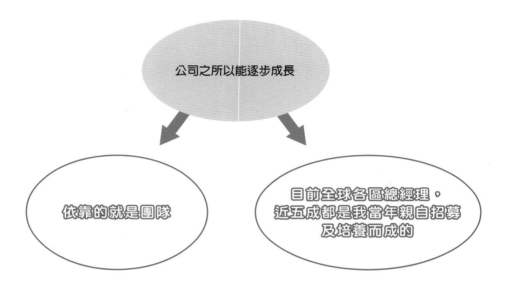

公司之所以能逐步成長

依靠的就是團隊

目前全球各區總經理，
近五成都是我當年親自招募
及培養而成的

第18位　恆隆行貿易代理公司董事長　陳政鴻

一、經營管理智慧金句

1. 恆隆行精挑細選推出的商品，總是功能、外型時尚，屢屢掀起生活風潮，即使高單價也能吸引消費者買單。

2. 產品決定引進後，我們也會跟消費者溝通，讓她們體驗，一個產品通常會給三年的養成期。

3. 因為Dyson產品力夠強，常會有顧客上門直接指名購買，所以即使對經銷商來說成本較高，但還是願意向恆隆行買斷進貨。

4. 有些代理產品，必須要有耐性，慢慢去創造消費者的需求。

5. 我的管理風格就是授權，創造尊重與信任員工的環境，讓大家可以發揮。

6. 我希望為人才創造空間，希望他們很敢做決定，把事業處當成一家小公司在經營。

7. 員工若嘗試失敗，也不要罵人，只是請他們提出後續的調整方案。

二、圖示

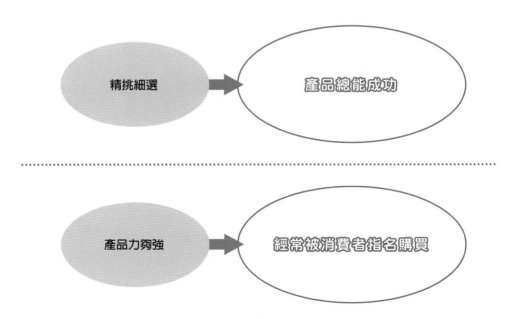

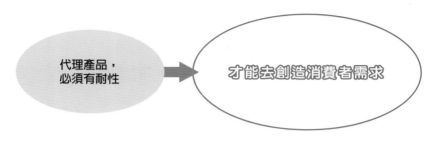

代理產品，
必須有耐性

才能去創造消費者需求

我的管理風格，就是授權

- 我希望為人才創造空間
- 希望他們敢做決定
- 希望他們把自己的事業單位，當成自己的公司在經營

第19位 大樹藥局連鎖店董事長 鄭明龍

一、經營管理智慧金句

1.我們以零售業為師，不斷優化坪效，就是大樹成長的最主要關鍵。

2.大樹必須開發更多商品，增加更多品項，以滿足消費者行為模式。

3.從嬰兒到老人要用的商品都很齊全，而且店內動線清楚，開架走起來很順。

二、圖示

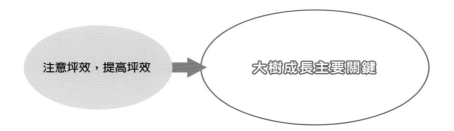

注意坪效，提高坪效 → 大樹成長主要關鍵

開發更多商品 → 以滿足消費者行為模式

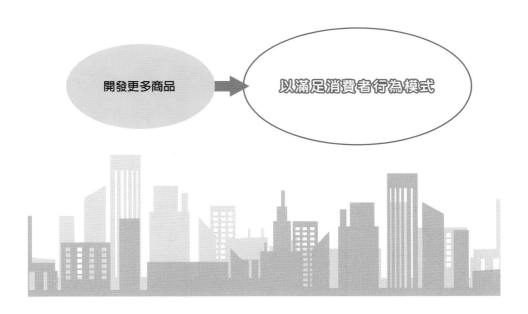

第20位　日本唐吉訶德公司創辦人 安田隆夫

一、經營管理智慧金句

　　1.創造購物場所能提供超乎預期、令人雀躍不已的超低價商品。

　　2.在第一線實現大膽的權限下放，時常將人才調整到最適合的地方。

　　3.持續果斷的迎向挑戰，正視現實，快速調整。

　　4.要盡可能的低價，也要堅持讓客人感覺有趣。

二、圖示

提供消費者超出預期的超
低價商品

大膽授權給第一線人員做
決策

第21位 foodpanda快送公司亞太區執行長 Jakob Angele

一、經營管理智慧金句

自從今年喊出快商務營運策略後，foodpanda便把速度快這件事發揮的淋漓盡致，20分鐘內，不僅要把美食送到客人手上，也要將生鮮雜貨送貨到府。

二、圖示

一、經營管理智慧金句

1.便利商店跨界搶客，已是不得不然的求生之道。

2.做別人沒做過的事，已成為羅森積極挑戰的目標。

3.超商必須高彈性因應，推出讓客人驚豔的商品。

4.羅森必須勇於挑戰，才有成長機會。

5.店內現場手作美味，已成為和其他超商差異化的利器，也讓消費者捨得多
花錢，願意多走幾步路到羅森消費。

6.社長自己每年巡500家門市店，親自了解現場店員的需求。

7.其實我都不去7-ELEVEN了，比起關注競爭者在做什麼，反而直視消費者更
重要。

8.我們必須滿足消費者真正想要的便利；要能做到讓消費者感受到，沒有羅
森真不方便，才是未來的生存之道。

9.我們不會追求店鋪總數量，但很希望能聽到消費者說，真希望這附近也開
一家羅森。

二、圖示

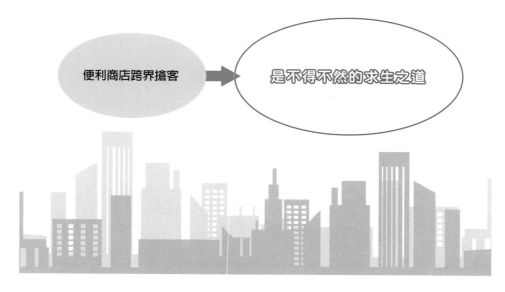

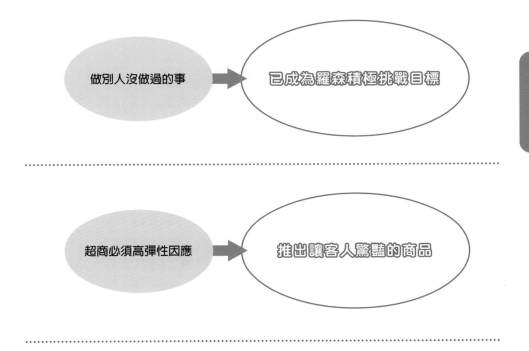

做別人沒做過的事 → 已成為羅森積極挑戰目標

超商必須高彈性因應 → 推出讓客人驚豔的商品

羅森必須勇於挑戰，
才有成長機會

社長自己每年巡500家門市店，
親自了解現場店員的需求

第23位 台灣優衣庫（Uniqlo）總經理 黑瀨友和

一、經營管理智慧金句

1. 貼近顧客，就沒有難賣的商品。

2. 經營者該做的事，就是不斷的問問題：你做這件事，是要達成什麼目標？

3. 徹底實踐現場主義，只賣顧客有需要的商品。

4. 在公司每個人都是自己的CEO，不只是店長，每個人都要學會獲利、行銷及損益管理。

5. 除了搜集現場員工的觀察外，優衣庫每個月，會分析一萬筆顧客意見，分別從電商500萬名會員的商品評論、購買紀錄，以及店內問卷、焦點訪談等管道獲取顧客心聲，並調整商品策略。

6. 優衣庫成功的秘訣，就在於VOC（傾聽顧客的聲音），Voice of Customer。

7. VOC是優衣庫的經營核心，以求我們更能貼近消費者的需求與喜好。

8. 從賣場陳列到商品選擇，都必須按當地消費者的取向進行調整。

9. 高CP值、實用性以及對品牌的信任感，是優衣庫獲得台灣消費者支持的主因。

10. 就是因為重視顧客心聲，進而掌握顧客的喜好，才讓優衣庫在台灣獲得不少忠實粉絲的支持。

11. 成為經營者的四個能力，一是變革的能力，二是賺錢的能力，三是建立團隊的能力，四是追求理想的能力。

12. 我的使命是讓優衣庫做到真正的在地化。

二、圖示

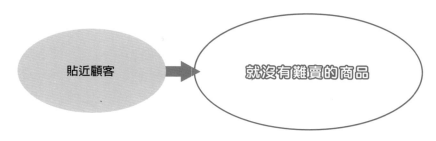

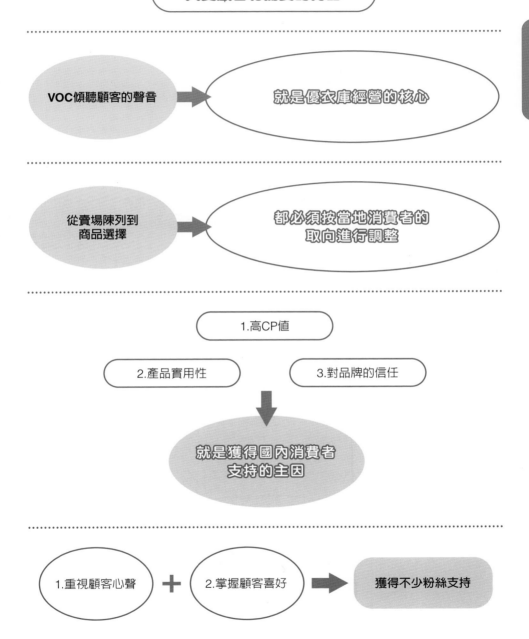

只賣顧客有需要的商品

VOC傾聽顧客的聲音 ➡ 就是優衣庫經營的核心

從賣場陳列到商品選擇 ➡ 都必須按當地消費者的取向進行調整

1.高CP值

2.產品實用性　　3.對品牌的信任

就是獲得國內消費者支持的主因

1.重視顧客心聲　＋　2.掌握顧客喜好　➡　獲得不少粉絲支持

第24位　PCHome董事長　詹宏志

一、經營管理智慧金句

　　1.決勝點在於：能否提供不可取代的價值。

　　2.重點在於是否足夠了解消費者。

　　3.找出一條可以差異化的成長道路。

二、圖示

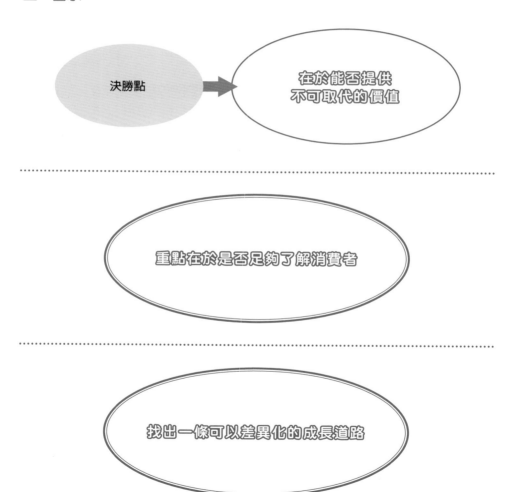

第25位　全聯超市公司董事長　林敏雄

一、經營管理智慧金句

1. 永遠要進步，不是第一名不考慮。要永遠做第一名的企圖心。

2. 透過快速併購，有效搶下量販通路市占率，加速擴張零售版圖。

3. 賣的便宜，但品質要留給消費者，這十多年，全聯不管開在哪裡，都是第一名。

4. 想要賺錢，心胸要開闊，財力也要夠，有底氣，賠得起再做。

二、圖示

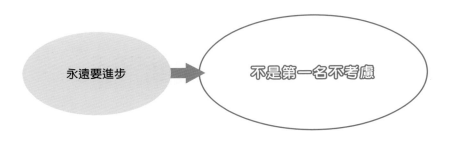

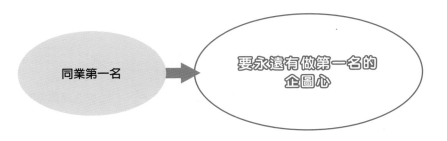

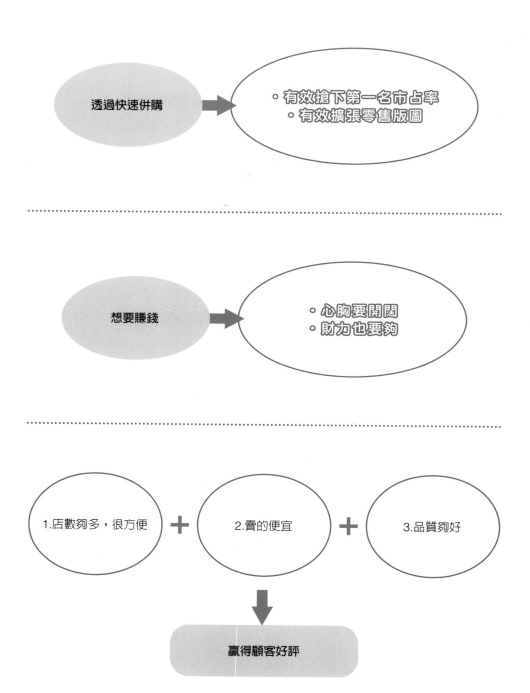

透過快速併購 → ∘ 有效搶下第一名市占率　∘ 有效擴張零售版圖

想要賺錢 → ∘ 心胸要開闊　∘ 財力也要夠

1.店數夠多，很方便 ＋ 2.賣的便宜 ＋ 3.品質夠好

↓

贏得顧客好評

第26位　台隆集團董事長　黃教漳

一、經營管理智慧金句

1.快速因應變化與創造需求，是企業永續經營的基礎。

2.事業中的所有突破與創新，都是根據顧客需求。

3.要從顧客需求開發新品，並站在消費者角度開發。

4.不要做營運上的競爭，而是做差異化競爭。

5.任何生意都是先找出有哪些沒被滿足的需求。

6.顧客有需求，而你能快速滿足她們，這樣就有生意可做。

7.順應變化、超前部署，就是企業永續經營的秘訣。

8.我的經營理念，都是回到顧客。

9.我們會跟著社會脈動的改變，一直精進，增加新的東西。

10.台灣市場不大，你必須戰戰競競，了解變化，一個是業界的變化，一個是消費者的變化。

11.我們會參考先進國家的經濟軌跡，再加上一些調查數據，以及自己對台灣的觀察，最後做出判斷。

12.企業要永續經營，就是要一直因應變化，讓自己壯大，永續生存。

13.即使失敗也無所謂，但，一定要創新。

14.組織不是大鍋飯，所有人都必須做出貢獻，付出心力。

二、圖示

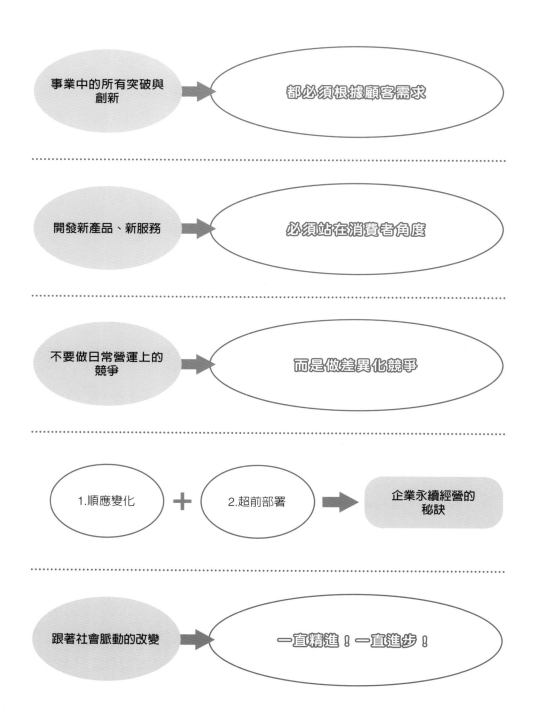

一、經營管理智慧金句

1.把對的事情做到底，磨練無可取代的獨特性。

2.對的事情做到底，就能找到成功的路。

3.我們很專注且提供價值，客戶相信你做得到，你就有這個機會。

4.鞏固核心事業，守住長線，開拓短中線業務擴大版圖。

二、圖示

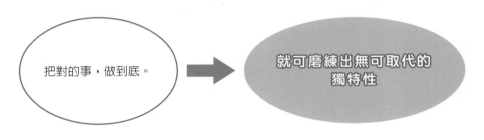

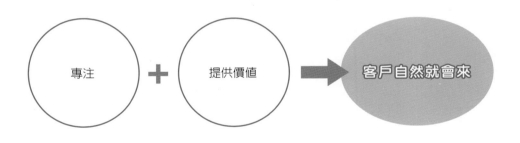

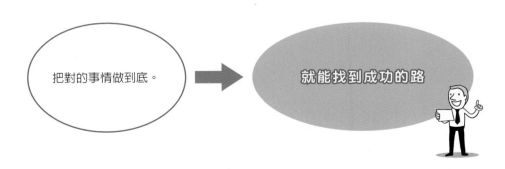

國家圖書館出版品預行編目資料

超圖解企業經營管理：45堂經營管理必修課/
戴國良著. -- 初版. -- 台北市：五南圖書
出版股份有限公司, 2024.03
　面；　公分
ISBN 978-626-366-977-2(平裝)
1.CST: 企業經營　2.CST: 企業管理
494　　　　　　　　　　　　113000038

1FSV

超圖解企業經營管理：
45堂經營管理必修課

作　　　者 ― 戴國良

發 行 人 ― 楊榮川

總 經 理 ― 楊士清

總 編 輯 ― 楊秀麗

主　　　編 ― 侯家嵐

責任編輯 ― 侯家嵐

文字校對 ― 葉瓊瑄

內文排版 ― 張巧儒

封面完稿 ― 姚孝慈

出 版 者 ― 五南圖書出版股份有限公司

地　　　址：106台北市大安區和平東路二段339號4樓

電　　　話：(02)2705-5066　　傳　　　真：(02)2706-6100

網　　　址：https://www.wunan.com.tw

電子郵件：wunan@wunan.com.tw

劃撥帳號：01068953

戶　　　名：五南圖書出版股份有限公司

法律顧問　林勝安律師

出版日期　2024年3月初版一刷

定　　　價　新台幣420元

經典永恆・名著常在

五十週年的獻禮——經典名著文庫

五南，五十年了，半個世紀，人生旅程的一大半，走過來了。
思索著，邁向百年的未來歷程，能為知識界、文化學術界作些什麼？
在速食文化的生態下，有什麼值得讓人雋永品味的？

歷代經典・當今名著，經過時間的洗禮，千錘百鍊，流傳至今，光芒耀人；
不僅使我們能領悟前人的智慧，同時也增深加廣我們思考的深度與視野。
我們決心投入巨資，有計畫的系統梳選，成立「經典名著文庫」，
希望收入古今中外思想性的、充滿睿智與獨見的經典、名著。
這是一項理想性的、永續性的巨大出版工程。
不在意讀者的眾寡，只考慮它的學術價值，力求完整展現先哲思想的軌跡；
為知識界開啟一片智慧之窗，營造一座百花綻放的世界文明公園，
任君遨遊、取菁吸蜜、嘉惠學子！